U0394256

清华大学优秀博士学位论文丛书

3D碳网络/高载量活性物质复合柔性电极及其超电容性能

董留兵（Dong Liubing）著

Preparation and Super-Capacitive Performance
of Flexible 3D Carbon Network/High-Loading
Active Materials Composite Electrodes

清华大学出版社
北 京

内 容 简 介

柔性超级电容器可为可穿戴电子产品供应能量。本书涵盖柔性超级电容器的基本设计理念、性能评价方法和优化策略,从结构组成、电化学行为、机械柔性角度总结了线性、薄膜和三维宏观体柔性超级电容器及对应电极的研究现状,阐明了制约柔性超级电容器储能密度的关键因素,重点介绍了如何基于柔性电极内部基底活性化、活性基底与赝电容材料的界面耦合、电化学活性物质的立体式分布设计等策略实现电化学性能优异、可变形能力强的柔性电极。

本书可作为电化学储能专业领域研究人员的参考书籍,也可供对可穿戴储能设备感兴趣的读者阅读。

图书在版编目(CIP)数据

3D碳网络/高载量活性物质复合柔性电极及其超电容性能/董留兵著. —北京:清华大学出版社,2021.11
（清华大学优秀博士学位论文丛书）
ISBN 978-7-302-59096-5

Ⅰ.①3… Ⅱ.①董… Ⅲ.①电容器－电化学－储能－研究 Ⅳ.①TM53

中国版本图书馆 CIP 数据核字(2021)第 182107 号

责任编辑:戚 亚
封面设计:傅瑞学
责任校对:赵丽敏
责任印制:沈 露

出版发行:清华大学出版社
    网 址:http://www.tup.com.cn,http://www.wqbook.com
    地 址:北京清华大学学研大厦 A 座   邮 编:100084
    社 总 机:010-62770175   邮 购:010-62786544
    投稿与读者服务:010-62776969,c-service@tup.tsinghua.edu.cn
    质量反馈:010-62772015,zhiliang@tup.tsinghua.edu.cn
印 装 者:小森印刷(北京)有限公司
经 销:全国新华书店
开 本:155mm×235mm 印 张:10.75 字 数:179 千字
版 次:2021 年 11 月第 1 版   印 次:2021 年 11 月第 1 次印刷
定 价:119.00 元

产品编号:087279-01

一流博士生教育
体现一流大学人才培养的高度（代丛书序）①

人才培养是大学的根本任务。只有培养出一流人才的高校，才能够成为世界一流大学。本科教育是培养一流人才最重要的基础，是一流大学的底色，体现了学校的传统和特色。博士生教育是学历教育的最高层次，体现出一所大学人才培养的高度，代表着一个国家的人才培养水平。清华大学正在全面推进综合改革，深化教育教学改革，探索建立完善的博士生选拔培养机制，不断提升博士生培养质量。

学术精神的培养是博士生教育的根本

学术精神是大学精神的重要组成部分，是学者与学术群体在学术活动中坚守的价值准则。大学对学术精神的追求，反映了一所大学对学术的重视、对真理的热爱和对功利性目标的摒弃。博士生教育要培养有志于追求学术的人，其根本在于学术精神的培养。

无论古今中外，博士这一称号都和学问、学术紧密联系在一起，和知识探索密切相关。我国的博士一词起源于 2000 多年前的战国时期，是一种学官名。博士任职者负责保管文献档案、编撰著述，须知识渊博并负有传授学问的职责。东汉学者应劭在《汉官仪》中写道："博者，通博古今；士者，辩于然否。"后来，人们逐渐把精通某种职业的专门人才称为博士。博士作为一种学位，最早产生于 12 世纪，最初它是加入教师行会的一种资格证书。19 世纪初，德国柏林大学成立，其哲学院取代了以往神学院在大学中的地位，在大学发展的历史上首次产生了由哲学院授予的哲学博士学位，并赋予了哲学博士深层次的教育内涵，即推崇学术自由、创造新知识。哲学博士的设立标志着现代博士生教育的开端，博士则被定义为独立从事学术研究、具备创造新知识能力的人，是学术精神的传承者和光大者。

---

① 本文首发于《光明日报》，2017 年 12 月 5 日。

博士生学习期间是培养学术精神最重要的阶段。博士生需要接受严谨的学术训练,开展深入的学术研究,并通过发表学术论文、参与学术活动及博士论文答辩等环节,证明自身的学术能力。更重要的是,博士生要培养学术志趣,把对学术的热爱融入生命之中,把捍卫真理作为毕生的追求。博士生更要学会如何面对干扰和诱惑,远离功利,保持安静、从容的心态。学术精神,特别是其中所蕴含的科学理性精神、学术奉献精神,不仅对博士生未来的学术事业至关重要,对博士生一生的发展都大有裨益。

独创性和批判性思维是博士生最重要的素质

博士生需要具备很多素质,包括逻辑推理、言语表达、沟通协作等,但是最重要的素质是独创性和批判性思维。

学术重视传承,但更看重突破和创新。博士生作为学术事业的后备力量,要立志于追求独创性。独创意味着独立和创造,没有独立精神,往往很难产生创造性的成果。1929 年 6 月 3 日,在清华大学国学院导师王国维逝世二周年之际,国学院师生为纪念这位杰出的学者,募款修造"海宁王静安先生纪念碑",同为国学院导师的陈寅恪先生撰写了碑铭,其中写道:"先生之著述,或有时而不章;先生之学说,或有时而可商;惟此独立之精神,自由之思想,历千万祀,与天壤而同久,共三光而永光。"这是对于一位学者的极高评价。中国著名的史学家、文学家司马迁所讲的"究天人之际,通古今之变,成一家之言"也是强调要在古今贯通中形成自己独立的见解,并努力达到新的高度。博士生应该以"独立之精神、自由之思想"来要求自己,不断创造新的学术成果。

诺贝尔物理学奖获得者杨振宁先生曾在 20 世纪 80 年代初对到访纽约州立大学石溪分校的 90 多名中国学生、学者提出:"独创性是科学工作者最重要的素质。"杨先生主张做研究的人一定要有独创的精神、独到的见解和独立研究的能力。在科技如此发达的今天,学术上的独创性变得越来越难,也愈加珍贵和重要。博士生要树立敢为天下先的志向,在独创性上下功夫,勇于挑战最前沿的科学问题。

批判性思维是一种遵循逻辑规则、不断质疑和反省的思维方式,具有批判性思维的人勇于挑战自己,敢于挑战权威。批判性思维的缺乏往往被认为是中国学生特有的弱项,也是我们在博士生培养方面存在的一个普遍问题。2001 年,美国卡内基基金会开展了一项"卡内基博士生教育创新计划",针对博士生教育进行调研,并发布了研究报告。该报告指出:在美国和欧洲,培养学生保持批判而质疑的眼光看待自己、同行和导师的观点同样非常不容易,批判性思维的培养必须成为博士生培养项目的组成部分。

对于博士生而言,批判性思维的养成要从如何面对权威开始。为了鼓励学生质疑学术权威、挑战现有学术范式,培养学生的挑战精神和创新能力,清华大学在 2013 年发起"巅峰对话",由学生自主邀请各学科领域具有国际影响力的学术大师与清华学生同台对话。该活动迄今已经举办了 21 期,先后邀请 17 位诺贝尔奖、3 位图灵奖、1 位菲尔兹奖获得者参与对话。诺贝尔化学奖得主巴里·夏普莱斯(Barry Sharpless)在 2013 年 11 月来清华参加"巅峰对话"时,对于清华学生的质疑精神印象深刻。他在接受媒体采访时谈道:"清华的学生无所畏惧,请原谅我的措辞,但他们真的很有胆量。"这是我听到的对清华学生的最高评价,博士生就应该具备这样的勇气和能力。培养批判性思维更难的一层是要有勇气不断否定自己,有一种不断超越自己的精神。爱因斯坦说:"在真理的认识方面,任何以权威自居的人,必将在上帝的嬉笑中垮台。"这句名言应该成为每一位从事学术研究的博士生的箴言。

提高博士生培养质量有赖于构建全方位的博士生教育体系

一流的博士生教育要有一流的教育理念,需要构建全方位的教育体系,把教育理念落实到博士生培养的各个环节中。

在博士生选拔方面,不能简单按考分录取,而是要侧重评价学术志趣和创新潜力。知识结构固然重要,但学术志趣和创新潜力更关键,考分不能完全反映学生的学术潜质。清华大学在经过多年试点探索的基础上,于 2016 年开始全面实行博士生招生"申请-审核"制,从原来的按照考试分数招收博士生,转变为按科研创新能力、专业学术潜质招收,并给予院系、学科、导师更大的自主权。《清华大学"申请-审核"制实施办法》明晰了导师和院系在考核、遴选和推荐上的权力和职责,同时确定了规范的流程及监管要求。

在博士生指导教师资格确认方面,不能论资排辈,要更看重教师的学术活力及研究工作的前沿性。博士生教育质量的提升关键在于教师,要让更多、更优秀的教师参与到博士生教育中来。清华大学从 2009 年开始探索将博士生导师评定权下放到各学位评定分委员会,允许评聘一部分优秀副教授担任博士生导师。近年来,学校在推进教师人事制度改革过程中,明确教研系列助理教授可以独立指导博士生,让富有创造活力的青年教师指导优秀的青年学生,师生相互促进、共同成长。

在促进博士生交流方面，要努力突破学科领域的界限，注重搭建跨学科的平台。跨学科交流是激发博士生学术创造力的重要途径，博士生要努力提升在交叉学科领域开展科研工作的能力。清华大学于 2014 年创办了"微沙龙"平台，同学们可以通过微信平台随时发布学术话题，寻觅学术伙伴。3 年来，博士生参与和发起"微沙龙"12 000 多场，参与博士生达 38 000 多人次。"微沙龙"促进了不同学科学生之间的思想碰撞，激发了同学们的学术志趣。清华于 2002 年创办了博士生论坛，论坛由同学自己组织，师生共同参与。博士生论坛持续举办了 500 期，开展了 18 000 多场学术报告，切实起到了师生互动、教学相长、学科交融、促进交流的作用。学校积极资助博士生到世界一流大学开展交流与合作研究，超过 60% 的博士生有海外访学经历。清华于 2011 年设立了发展中国家博士生项目，鼓励学生到发展中国家亲身体验和调研，在全球化背景下研究发展中国家的各类问题。

在博士学位评定方面，权力要进一步下放，学术判断应该由各领域的学者来负责。院系二级学术单位应该在评定博士论文水平上拥有更多的权力，也应担负更多的责任。清华大学从 2015 年开始把学位论文的评审职责授权给各学位评定分委员会，学位论文质量和学位评审过程主要由各学位分委员会进行把关，校学位委员会负责学位管理整体工作，负责制度建设和争议事项处理。

全面提高人才培养能力是建设世界一流大学的核心。博士生培养质量的提升是大学办学质量提升的重要标志。我们要高度重视、充分发挥博士生教育的战略性、引领性作用，面向世界、勇于进取，树立自信、保持特色，不断推动一流大学的人才培养迈向新的高度。

清华大学校长

2017 年 12 月 5 日

丛书序二

以学术型人才培养为主的博士生教育,肩负着培养具有国际竞争力的高层次学术创新人才的重任,是国家发展战略的重要组成部分,是清华大学人才培养的重中之重。

作为首批设立研究生院的高校,清华大学自 20 世纪 80 年代初开始,立足国家和社会需要,结合校内实际情况,不断推动博士生教育改革。为了提供适宜博士生成长的学术环境,我校一方面不断地营造浓厚的学术氛围,一方面大力推动培养模式创新探索。我校从多年前就已开始运行一系列博士生培养专项基金和特色项目,激励博士生潜心学术、锐意创新,拓宽博士生的国际视野,倡导跨学科研究与交流,不断提升博士生培养质量。

博士生是最具创造力的学术研究新生力量,思维活跃,求真求实。他们在导师的指导下进入本领域研究前沿,吸取本领域最新的研究成果,拓宽人类的认知边界,不断取得创新性成果。这套优秀博士学位论文丛书,不仅是我校博士生研究工作前沿成果的体现,也是我校博士生学术精神传承和光大的体现。

这套丛书的每一篇论文均来自学校新近每年评选的校级优秀博士学位论文。为了鼓励创新,激励优秀的博士生脱颖而出,同时激励导师悉心指导,我校评选校级优秀博士学位论文已有 20 多年。评选出的优秀博士学位论文代表了我校各学科最优秀的博士学位论文的水平。为了传播优秀的博士学位论文成果,更好地推动学术交流与学科建设,促进博士生未来发展和成长,清华大学研究生院与清华大学出版社合作出版这些优秀的博士学位论文。

感谢清华大学出版社,悉心地为每位作者提供专业、细致的写作和出版指导,使这些博士论文以专著方式呈现在读者面前,促进了这些最新的优秀研究成果的快速广泛传播。相信本套丛书的出版可以为国内外各相关领域或交叉领域的在读研究生和科研人员提供有益的参考,为相关学科领域的发展和优秀科研成果的转化起到积极的推动作用。

感谢丛书作者的导师们。这些优秀的博士学位论文,从选题、研究到成文,离不开导师的精心指导。我校优秀的师生导学传统,成就了一项项优秀的研究成果,成就了一大批青年学者,也成就了清华的学术研究。感谢导师们为每篇论文精心撰写序言,帮助读者更好地理解论文。

感谢丛书的作者们。他们优秀的学术成果,连同鲜活的思想、创新的精神、严谨的学风,都为致力于学术研究的后来者树立了榜样。他们本着精益求精的精神,对论文进行了细致的修改完善,使之在具备科学性、前沿性的同时,更具系统性和可读性。

这套丛书涵盖清华众多学科,从论文的选题能够感受到作者们积极参与国家重大战略、社会发展问题、新兴产业创新等的研究热情,能够感受到作者们的国际视野和人文情怀。相信这些年轻作者们勇于承担学术创新重任的社会责任感能够感染和带动越来越多的博士生,将论文书写在祖国的大地上。

祝愿丛书的作者们、读者们和所有从事学术研究的同行们在未来的道路上坚持梦想,百折不挠! 在服务国家、奉献社会和造福人类的事业中不断创新,做新时代的引领者。

相信每一位读者在阅读这一本本学术著作的时候,在吸取学术创新成果、享受学术之美的同时,能够将其中所蕴含的科学理性精神和学术奉献精神传播和发扬出去。

清华大学研究生院院长

2018 年 1 月 5 日

导师序言

　　超级电容器具有功率密度高、可快速充放电、循环寿命长、适用温度范围宽和安全等优点,是一种重要的电化学储能体系,被应用于日常消费电子产品、电动汽车快速启动电源、军事领域大功率武器以及其他电力系统等。近些年来,随着便携式/可穿戴电子产品的发展,柔性化成为电化学储能器件的一个重要研究趋势,柔性超级电容器的概念正是在这样一个背景下被提出的。然而,由于柔性超级电容器的电极内部活性物质负载对其电化学性能和机械柔性具有矛盾性的影响,以及纳米活性物质的团聚难题,柔性电极储能密度不高,严重限制了柔性超级电容器在便携式/可穿戴电子产品上的应用。本书的核心就是围绕如何实现高比能量柔性超级电容器,在综述前人研究的基础上,系统介绍了作者提升柔性超级电容器储能密度的最新研究思路和研究成果。

　　本书开篇从便携式/可穿戴电子产品的发展引出柔性超级电容器的研究背景,分门别类地综述了线性、薄膜型和三维宏观体柔性超级电容器的研究现状,剖析了各类型柔性超级电容器的工作机理、电极结构设计、储能特性与机械柔性行为,阐明了制约柔性超级电容器储能密度的瓶颈问题,如电极内部电子/离子的长距离传输困难、纳米活性物质易于团聚导致利用率较低等,并提出相应解决思路。本书以作者攻读博士学位期间开展的研究工作为基础,详述了如何从柔性电极内部基底活性化、活性基底与赝电容材料的界面耦合、电化学活性物质在 3D 多孔碳网络上的立体式分布设计等角度实现高载量活性物质在柔性电极中的高效利用,从而获得电化学性能优异、可变形能力强的柔性电极和柔性超级电容器,相关内容已在国内外著名学术期刊发表,并被同行广泛引用和借鉴,对于推动柔性储能领域的发展具有积极意义。

　　超级电容器和柔性/可穿戴储能是电化学储能领域的研究热点,也是人类科技发展的前沿方向之一。本书作者在力求学术表达专业、严谨的基础上,注重语言的通俗易懂和内容的生动有趣,使本书既能够作为专业研究人员的参考资料,也能够用作柔性/可穿戴储能领域的科普类书籍,希望广大读者喜欢。

康飞宇

2020 年 12 月

摘　要

　　柔性超级电容器具有功率密度高、可快速充放电、循环寿命长和良好的可变形能力等优点。柔性电极的设计是实现高性能柔性超级电容器的关键,但受制于电子/离子长距离传输困难、纳米级活性物质团聚等问题,柔性电极内部电化学活性物质负载量往往较低,导致储能密度较低。本书从柔性电极内部基底活性化、活性基底与赝电容材料的界面耦合、电化学活性物质的立体式分布设计等角度开展研究,实现了高载量活性物质在柔性电极中的均匀分布和高效利用,获得了储能密度高、可变形能力强的柔性电极。

　　首先,研究了活性碳纤维织物的基本物化属性、电化学性能和机械柔性。基于活性碳纤维织物具有较高的双电层电容和良好的机械柔性,提出将其用作柔性电极活性基底的思路,解决了柔性电极普遍存在的基底仅作为结构支撑体、但不具备电荷存储功能而造成电极整体比电容低的问题。将碳纳米材料引入活性碳纤维织物中,碳纤维与碳纳米材料构成的微纳多尺度碳三维(3D)导电网络可进一步提升织物电极的电学和电化学性能。

　　其次,在上述活性碳纤维织物基底表面原位负载高赝电容的纳米二氧化锰和聚苯胺,活性基底为赝电容纳米材料的负载提供了充足的位点并保证了电子在二者之间的快速传递,有效促进了赝电容材料高比电容优势的发挥。研究了活性物质的负载量、微观形貌等对织物电极的基本物化属性和电化学性能的影响。特别地,将导电高分子聚苯胺沉积在活性碳纤维/碳纳米管构筑的 3D 碳网络上以实现高载量活性物质(活性碳纤维和聚苯胺)在柔性电极中的立体式均匀分布,同时电极内部 3D 碳网络带来的高电导率和多孔结构保证了电子和离子的快速传输,实现了活性物质的高效利用;该复合织物电极展现出优异的电化学性能和可变形能力。上述织物电极可拆解为纤维束,后者具有和前者一致的微观结构以及优异的电化学性能和机械柔性,这就形成了"自上而下"制备微型纤维电极的新思路。

　　最后,借鉴上述"柔性电极内部活性物质的立体式分布"思想,制备了兼具高面积比电容、良好倍率性能和优异机械柔性的碳纳米管-聚苯胺多层复合网络/纸基电极；并基于柔性纸基电极尝试制备了可透气的柔性超级电容器。

综上所述，本书提出的活性基底、活性物质的立体式分布等思路有效实现了高载量活性物质在柔性电极中的均匀分布和高效利用，对制备高性能的柔性超级电容器和其他柔性储能器件起到推动作用。

关键词：超级电容器；柔性电极；电化学活性基底；赝电容材料；纸基电极

Abstract

Flexible supercapacitors possess the advantages of high power density, rapid charge/discharge rate and ultra-long service life, as well as good deformability. Flexible electrodes are the key to realizing high-performance flexible supercapacitors. However, loading of electrochemically active materials in flexible supercapacitor electrodes is generally very low, which leads to a unsatisfactory energy density of corresponding supercapacitors, while enhanced active material loading always brings difficulty for electron and electrolyte ion transmission and uncontrolled aggregation of nano-scaled active materials. The present work studied the issue of *uniform distribution and effective utilization of high-loading active materials inside flexible electrodes* from the perspectives of activation of electrode substrate, interfacial coupling between electrochemically active substrates and pseudocapacitive materials, and multi-position distribution of active materials. Based on these, high-energy and flexible supercapacitor electrodes were fabricated.

Firstly, physicochemical characteristics, electrochemical property and mechanical flexibility of active carbon fiber (ACF) fabrics were investigated. Considering that ACF fabrics have relatively good electric-double layer capacitive performance and good flexibility, using them as electrochemically active substrates for flexible supercapacitor electrodes may be put forward, which is beneficial for solving the problem that commonly used substrates without charge storage ability tend to cause a low capacitance of the whole flexible electrodes. Further, carbon nanomaterials were introduced into ACF fabrics. As a result, the 3D carbon network constructed by ACF substrate and carbon nanomaterials significantly enhanced electrical and electrochemical properties of the textile electrodes.

Then, pseudocapacitive nanomaterials, including manganese dioxide and polyaniline, were deposited on the above electrochemically active ACF substrates. The substrates provide abundant sites for the deposition of pseudocapacitive nanomaterials, and also guarantee fast transport of electrons insides the whole electrodes, benefiting the realization of high capacitance of pseudocapacitive nanomaterials. Effects of the loading and micro-morphologies of active materials on the physicochemical characteristics and electrochemical performances of fabricated composite textile electrodes were carefully investigated. In specific, conductive polyaniline was deposited on the 3D carbon network constructed by ACF and CNTs, achieving multi-position and uniform distribution of high-loading active materials (including ACFs and polyaniline) inside flexible textile electrodes; in the meantime, excellent electrical conductivity and porous structure of 3D ACF/carbon nanotube (CNT) network are conducive to electron movement and electrolyte ion transmission, which benefits effective utilization of active materials. Consequently, the prepared ACF/ CNT/polyaniline composite textile electrodes displayed good super-capacitive performance and mechanical flexibility. Further, the high-performance flexible ACF fabric based composite textiles were dismantled into fiber bundles. Since the obtained fiber bundles are similar to those textiles in micro-structure, they as fiber-like electrodes unsurprisingly exhibited outstanding electrochemical performance and flexibility. This offers a new *up to down* approach to produce high-performance miniature fiber-like electrodes.

Finally, the strategy of *multi-hierarchical construction of electrodes* was adopted to prepare multi-layered CNT-polyaniline composite networks/paper electrode with large areal capacitance, good rate capability and high flexibility. Furthermore, paper electrodes were also utilized to fabricate breathable and flexible supercapacitors.

In summary, the proposed strategies of *electrochemically active substrate* and *multi-position distribution of active materials* make it possible for uniform dispersion and effective utilization of high-loading active materials inside flexible electrodes. The present work is believed to bring new ideas to fabricate high-performance flexible supercapacitors and some other energy storage devices.

Keywords: Supercapacitor; Flexible electrode; Electrochemically active substrate; Pseudocapacitive material; Paper electrode

目　录

Contents

第1章 绪 论

1.1 课题研究背景及意义

超级电容器被认为是一种介于电池和传统电容器之间的重要储能器件,其具有高于电池的功率密度和高于传统电容器的能量密度;此外,超级电容器因具有超长的使用寿命、宽的温度适用范围、较低的生产成本等优点,被广泛应用在电力系统、汽车启动电源、手机、电脑等电子设备上[1-4]。从结构上看,超级电容器一般包括正负电极、隔膜、集流体、电解质和封装外壳等部分,其中,正负电极往往被认为对整个超级电容器的电化学性能有着至关重要的影响。在早期的研究中,超级电容器的结构形状较为简单、僵化。近些年,随着可折叠的笔记本计算机、可穿戴的智能衣物等一些新型柔性电子产品逐渐由科幻世界走向现实生活,可为上述设备供应能量的柔性超级电容器成为研究热点[5-9];此外,柔性超级电容器在微电子器件(如微型传感器)领域也具有重要的应用前景[9-10]。简言之,对包括柔性超级电容器在内的柔性储能器件的研究关乎着下一代电子产品的开发和应用。基于此,国内外对于柔性超级电容器等给予了很大重视。例如,我国多所高校和科研院所组建了"柔性储能"相关实验团队,支持开展关于柔性超级电容器、柔性电池等的研究。

在柔性超级电容器中,正负电极、隔膜、电解质、集流体和封装外壳均是柔性的,使柔性超级电容器具有良好的可变形能力。由于电极的物化特性对于超级电容器的整体性能具有决定性的影响,制备合适的柔性电极是获得高性能柔性超级电容器的基础(但不可否认,开发与柔性电极相匹配的电解质、隔膜、封装外壳等组件也是不可或缺的)。对于柔性超级电容器,领域公认的一个重要评价指标是其面积比能量[11-13],而制备高面积比能量的柔性超级电容器则意味着不仅要提高活性物质的自身电化学性能(根据能量密度计算公式 $E=1/2 \times CV^2$,具有高比电容和宽工作电压区间的活性物质有利于获得高储能密度的电极和超级电容器),同时要提高活性物质在柔性电极单位面积上的负载量等。实际上,不只是柔性超级电容器,其他柔性/可穿戴储能器件如柔性锂硫电池等领域的研究者也在努力开发具有高载量活性物质的柔性电极[14],这是柔性储能器件走向实用化至关重要的一步。尽管柔性超级电容器和柔性电极已经被广泛报道,但目前的研究还存在一系列不足。如:柔性超级电容器和柔性电极的面积比能量普遍不高,不能满足实际应用;机械柔性有待改进、可变形能力有待优化;在发生不同形变时,对于内部各组件上产生的局部应力和应变,缺乏有效的物理理论分析模型,使研究者难于准确理解柔性超级电容器和柔性电极变形时性能失效的原因、难于开发具有更好柔性的新产品;此外,很多柔性超级电容器和柔性电极的制备工艺复杂、使用的原材料过于昂贵。总之,柔性超级电容器的研究方兴未艾,开展柔性超级电容器和柔性电极研究一方面有利于拓宽柔性/可穿戴储能的理论体系,另一方面切实关系着我国在柔性储能领域是否能够走在世界前列,关乎着下一代电子产品的发展与应用。

1.2　超级电容器简介

超级电容器,又称"电化学容器",具有可快速充放电、使用寿命超长(商品化的超级电容器循环寿命已可达数万次以上)、功率密度高、适用温度范围宽、生产成本低等一系列优点,但其能量密度比普通的锂离子电池低 $1\sim2$ 个数量级[4]。基于不同的储能机制(图 1.1),超级电容器可以分为双电层电容器(electric double layer capacitor,EDLC)、赝电容电容器(pseudo-capacitor)和混合型电容器(hybrid capacitor)[4,15-18]。双电层电容器主要通过电荷在电极材料表面的静电堆积存储能量,其电化学性能受电极材料的比表面积、孔结构、电导率等影响。赝电容电容器主要通过电极材料近表面发生的快速而可逆的氧化还原反应存储/释放能量,其电化学性能与电极材料的理论比电容、几何架构、电导率等密切相关。混合型电容器在设计理念上是将超级电容器的高功率密度与电池的高能量密度合为一体,以制备兼具有高能量密度和高功率密度的储能器件,其电极一极为双电层电容器电极材料(或称"双电层电容材料")或赝电容电容器电极材料(或称"赝电容材料"),另一极为电池电极材料。相对来说,双电层电容器和赝电容电容器研究较为普遍。按照超级电容器内部正、负电极的异同,超级电容器也可以分为对称型超级电容器和非对称型超级电容器。对称型超级电容器以两片相同的电极分别作为正、负电极;而非对称型超级电容器的正、负电极则不

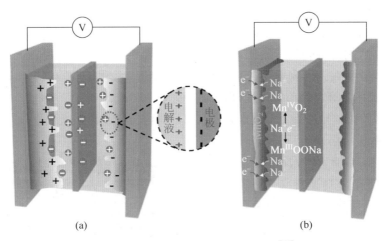

图 1.1　超级电容器储能机理示意图[15]

（a）双电层电容器储能机理示意图；（b）赝电容电容器储能机理示意图

同,最为常见的是一极采用双电层电容材料、另一极采用赝电容材料。以水系电解液体系为例,对称型超级电容器的工作电压受限于水的分解电压,一般最高不超过 1.0 V(水的理论分解电压为 1.23 V,但综合考虑电极材料表面杂质等因素的影响,水系对称型超级电容器的工作电压设置会偏低一些);非对称型超级电容器利用正负电极材料工作电势范围的不同,将器件电压窗口拓宽至最高可达 2.0 V 左右。由于超级电容器的能量密度正比于工作电压的平方,非对称超级电容器的能量密度往往高于对称型超级电容器的能量密度。

　　从结构上说,超级电容器由正负电极、隔膜、电解质、集流体和封装外壳构成。电极对于整个超级电容器的电化学性能具有决定性影响,因而研究最为广泛。迄今为止,多种超级电容器电极材料已经被报道,如碳材料[17-25]、金属氧化物/金属氢氧化物[26-31]和导电高分子[32-38]等。包括活性炭颗粒、碳纳米管、碳纳米纤维、石墨烯、碳纤维等在内的碳材料是典型的双电层电容材料(不考虑表面进行掺杂改性的碳材料),而包括二氧化锰、氧化钌、四氧化三钴、聚苯胺、聚吡咯等在内的金属氧化物/金属氢氧化物和导电高分子材料是赝电容材料。一般情况下,双电层电容材料比赝电容材料具有更好的倍率性能、更高的功率密度和更长的循环寿命,然而后者的理论质量比电容和能量密度显著高于前者,这是由二者的电化学储能机制和自身电导率等因素决定的。

　　在早期的研究中,超级电容器电极的制备与电池电极的制备工艺类似,包括:①将活性物质与黏结剂、导电剂和分散溶剂按一定的配比混合并搅拌均匀;②将上述浆料涂覆于金属箔集流体上;③烘干和裁剪。虽然金属箔集流体具有良好的柔性且得到的电极在一定程度上是可弯曲的,但实际上,电极材料与这些金属箔集流体之间的黏附力往往较差,数次弯折即导致电极材料涂层发生开裂,进而从集流体上脱落。因此,传统涂覆工艺制备的电极不能作为真正意义上的柔性电极。此外,早期超级电容器的封装外壳是刚性的且几何形状较为简单(图 1.2),如柱状超级电容器和扣式超级电容器,无法满足新型电子产品对于包括超级电容器在内的储能器件提出的柔性、便携和可穿戴的要求。

图 1.2　传统的超级电容器

1.3　柔性超级电容器的发展及研究现状

　　随着近些年便携式和可穿戴电子设备的发展,柔性超级电容器的研究成为热点[5-9]。具有不同微观结构和宏观形态的柔性超级电容器被大量报道。在柔性超级电容器中,正负电极、隔膜、电解质、集流体和封装外壳均是柔性的,这赋予了柔性超级电容器较强的可变行能力。从实际的研究来看,柔性超级电容器的制备依赖于合适的柔性电极,因此该领域的研究者也把主要精力放在了高性能柔性电极的制备上。截至目前,关于柔性电极和柔性超级电容器的研究已形成了一个庞大而复杂的体系,所制备的柔性电极和柔性超级电容器展现出丰富多彩的物理形态和功能特色。按照微观结构和宏观形态,现存的柔性电极/超级电容器可分为三类:纤维状的(亦称"线性的")柔性电极/超级电容器、薄膜式的(亦称"纸状的"或是"平面的")柔性电极/超级电容器和 3D 多孔电极及其构成的柔性超级电容器[13]。基于上述分类,本章对每一种柔性电极/超级电容器的构造理念、电化学性能和机械特性(特别是柔性特征)等进行了解析和归类。

1.3.1　纤维状柔性电极和超级电容器

诸如微型传感器类的柔性微电子器件,已经被广泛应用在工业生产、航空航天、军事、医药、环境监测、日常生活等领域,其正常工作离不开微型储能设备供应的能量。纤维状柔性超级电容器可作为一种微型储能设备[9-10],除为柔性微电子器件提供能量外,也有望用于制备智能衣物[5,9,39-40]。借助于当今成熟的纺织工艺,纱线可以被做成各式各样的衣服。受此启发,如果找到力学性能优异且能够存储能量的“纱线”,便可以制备出可穿戴的智能衣物。幸运的是,纤维状柔性超级电容器有望成为这种“纱线”。

纤维状柔性超级电容器有两种典型的构造,如图 1.3 所示。第一种构造的纤维状柔性超级电容器是由两根纤维状柔性电极相互缠绕或并行排列而成;而第二种构造的纤维状柔性超级电容器是一种同轴结构,即薄膜状

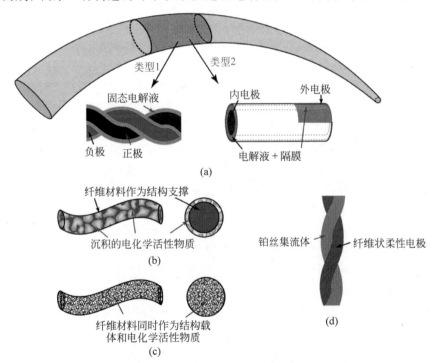

图 1.3　纤维状柔性电极和柔性超级电容器典型构造[13]

(a) 纤维状柔性超级电容器的不同构造;(b)～(d) 不同类型的纤维状柔性电极

Reproduced from Ref. 13 with permission from The Royal Society of Chemistry.

的外电极包裹纤维状的内电极。柔性超级电容器的两电极之间为电解质和隔膜。如果电解质为液态(电解液),隔膜是必需的;而若使用固态凝胶电解质(如 PVA/H_3PO_4 电解质),因其能够有效地阻隔正负电极直接接触、避免短路[28,41-42],则可省去隔膜。在实际的研究中,固态凝胶电解质比液态电解液更为常用,其中很重要的一个原因就是液态电解液容易从超级电容器中泄漏。

纤维状柔性电极应当具有很好的机械柔性和电化学性能,其一般包含柔性的纤维状基底和电化学活性物质两部分。一种较为常见的情况是将电化学活性物质负载在纤维状基底的表面,如图 1.3(b)所示[28,40-50]。在绝大多数情况下,使用的纤维状基底自身不具备电化学活性,其仅充当结构支撑体和/或集流体。塑料纤维、金属丝等均可用作纤维状柔性电极中的基底,而电化学活性物质可以是活性炭、碳纳米管、石墨烯片、二氧化锰、聚苯胺等。电化学活性物质可通过多种工艺沉积在纤维状基底表面,如溶液浸渍-干燥工艺、电化学沉积、原位化学反应等[45-50]。然而,纤维状基底在纤维电极中所占的质量分数和体积分数很大,但却不具备电化学活性,导致整个电极的比电容较低[51]。不难理解,为提高纤维状电极的比电容,应当降低电化学惰性基底的质量/体积分数,或者使用具备电化学活性的材料作为柔性结构支撑体,如图 1.3(c)所示。集流体是超级电容器内部的另一重要组件。在纤维状的柔性超级电容器里,高导电性的金属丝(如铂丝)被用作集流体、并与纤维电极缠绕,如图 1.3(d)所示[41,52]。值得一提的是,对于自身导电性能优异的纤维电极,因其自身即可充当集流体的角色,故在组装相应的超级电容器时可无需再使用金属丝集流体。根据纤维基底的不同,可以将目前报道的柔性纤维电极/超级电容器进行如下分类。

1. 塑料纤维支撑的柔性纤维电极/超级电容器

多种塑料纤维具有较好的机械柔韧性且廉价易得,因此可作为纤维状柔性电极的结构支撑体。在塑料纤维表面沉积电化学活性物质即可得到塑料纤维支撑的柔性纤维电极(下文中简称为“塑料纤维电极”)。Fu 等人将镀金的柔性塑料纤维浸渍墨水(固相成分主要为纳米碳颗粒,其可作为电化学活性物质)并烘干得到纳米碳薄膜均匀包覆的塑料纤维,随后该纤维被作为电极组装成对称型的纤维状柔性超级电容器[47]。该超级电容器的比电容、能量密度和功率密度最高分别可达 19.5 mF/cm^2(长度比电容约为 0.504 mF/cm),2.7 $\mu W \cdot h/cm^2$ 和 9070 $\mu W/cm^2$。此外,该超级电容器

还有超长的使用寿命和优异的柔性特质：经过 15 000 次循环伏安测试，比
电容几乎没有衰减；当其从 0°被弯曲至 360°时，比电容值波动很小。Chen
等人则依次将碳纳米管薄膜和聚苯胺负载到柔性塑料纤维表面制备了碳纳
米管/聚苯胺复合材料包裹的塑料纤维电极[53]。其中，碳纳米管既充当了
集流体，又有利于提高聚苯胺的电学和电化学性能。由该电极组装成的纤
维状柔性超级电容器主要是通过聚苯胺的氧化还原反应存储能量。尽管如
此，碳纳米管与聚苯胺的质量比显著影响着超级电容器的比电容，通过优化
二者质量配比，组装的超级电容器比电容值最高可达 255.5 F/g(基于碳纳
米管/聚苯胺复合材料的质量计算)，约合 0.189 mF/cm；恒电流充放电循
环 10 000 次后，超级电容器的比电容值下降 31%。

　　除上述碳材料和碳/导电高分子聚合物复合材料外，金属氧化物和金属
氢氧化物等也被用作塑料纤维电极中的电化学活性物质。例如，已有关于
生长有氧化锌纳米线或二氧化锰/氧化锌复合纳米线的塑料纤维电极的报
道[54-55]。尽管这些金属氧化物具有很高的理论比电容值，但固有的脆性特
点决定了其在柔性塑料纤维电极上的沉积量要非常小，这导致了整个纤维
电极和超级电容器的面积比电容较低[28,56]。如根据 Bae 等人的报道[54]，
二氧化锰/氧化锌复合纳米线包覆的柔性塑料纤维电极仅有 2.4 mF/cm^2
(100 mV/s 扫速下循环伏安测试结果)的面积比电容。

2. 金属纤维支撑的柔性纤维电极/超级电容器

　　柔性塑料纤维廉价易得，但导电性差，在用作电极基底时往往需要在其
表面磁控溅射金薄膜等导电层，这一过程导致了制备成本的提高和生产工
艺的复杂化。相比之下，金属纤维(金属丝、金属纱线等)自身具有高的电导
率。因此，多种柔性的金属纤维被用于纤维状柔性电极/超级电容器的制备
(图 1.4)。

　　Huang 等人将一束不锈钢丝打捻成束，并在其上依次负载还原的氧化
石墨烯、二氧化锰、聚吡咯以作为电化学活性物质，如图 1.4 所示[46]。不锈
钢丝束柔韧且具有优异的机械强度与电学性能，而上述三种电化学活性物
质(形成的复合材料)则提供了高的电化学电容。在 1 mol/L 的硫酸钠水溶
液(电解液)中，该不锈钢丝束基的纤维电极显示出 486 mF/cm^2 的面积比
电容。当该纤维电极被组装成纤维状的柔性固态超级电容器时，电极比电
容仍高达 411 mF/cm^2。不锈钢丝束、还原的氧化石墨烯以及聚吡咯均有
较好的导电能力，这对纤维电极和超级电容器的倍率性能和循环稳定性有

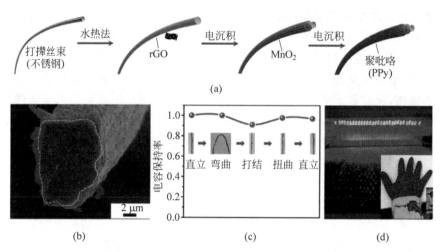

图 1.4   还原氧化石墨烯/二氧化锰/聚吡咯包覆的不锈钢丝纤维电极及其超级电容器[46]

纤维电极的(a)制备流程和(b)截面区域扫描电镜图；上述电极组装成的对称型纤维状超级电容器的(c)柔性测试和(d)被织入布料或手套中的照片

Adapted with permission from Ref. 46. Copyright 2015 American Chemical Society.

积极影响。此外,组装的纤维状柔性固态超级电容器展现出了良好的机械柔性：其可弯曲、打结、扭曲等,但电化学性能波动不大。相似地,石墨烯包裹的金丝纤维电极和四氧化三钴纳米线包裹的镍丝纤维电极亦有报道[43,57]。石墨烯纳米片和四氧化三钴纳米线为电化学活性物质,而金丝和镍丝为纤维状的结构支撑体。尽管金属纤维导电性优异,但其密度较大,导致相应柔性纤维电极的质量比电容不高。此外,金属的化学性质相对活泼,在制备金属纤维支撑的电极时须考虑金属与电解液之间可能发生的化学/电化学副反应。

3. 碳纤维束支撑的柔性纤维电极/超级电容器

与塑料纤维和金属纤维不同,碳纤维束具有高导电性和轻质高强的特点,同时还具有廉价、化学性质稳定、柔性好等优势。这些使碳纤维束能够作为纤维状柔性电极/超级电容器的结构基底[48,58-59]。一般情况下,碳纤维表面光滑无孔,电化学存储电荷能力差[47-49]。为制备高性能的碳纤维束基线性电极,必须在碳纤维束上沉积电化学活性物质。碳纤维束是由成千上万根碳纤维单丝组成的,碳纤维表面以及碳纤维之间的空间可容纳较高

载量的电化学活性物质。Le 等人通过喷雾方法将碳纳米管引入碳纤维束内
制备了碳纳米管/碳纤维束(CF/CNT)全碳复合材料电极(图 1.5)[48]。适量
碳纳米管的存在提高了纤维束的比表面积、电导率和电化学性能,同时未破
坏碳纤维束的良好柔性。以该纤维电极作为内电极、碳纳米纤维(CNF)薄
膜为外电极、PVA/H$_3$PO$_4$ 凝胶为固态电解质,即可组装成同轴结构的纤
维状柔性超级电容器,其面积比电容、能量密度和功率密度分别达到
86.8 mF/cm^2,9.8 μW·h/cm^2 和 189.4 μW/cm^2。这种同轴结构的纤维
状柔性超级电容器可从 0°弯曲至 180°,而电化学性能基本保持稳定。

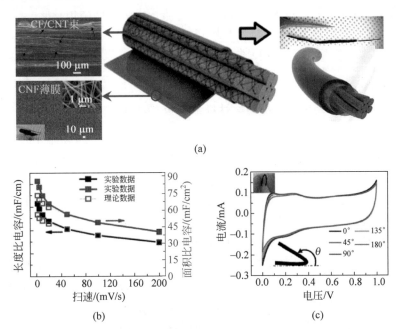

**图 1.5　碳纳米管/碳纤维束全碳复合纤维电极及制备的同轴结构柔性超级电
容器[48]**

(a)制备超级电容器的方法;超级电容器的(b)比电容和(c)柔性测试

Adapted with permission from Ref. 48. Copyright 2013 American Chemical Society.

　　除碳纳米管外,活性炭、金属氧化物、金属氢氧化物和导电高分子等也
被用作碳纤维束基线性电极/超级电容器的电化学活性物质[49,60]。Liu 等
人利用电化学沉积方法将二氧化锰纳米颗粒沉积在碳纤维表面[49]。与原
始碳纤维束相比,沉积了二氧化锰的碳纤维束电极具有高得多的面积比电
容。然而,二氧化锰较差的导电性使纤维电极的倍率性能和循环性能明显

下降；因此，作者将二氧化锰表面进一步包裹导电聚吡咯，最终得到的聚吡咯/二氧化锰/碳纤维束复合电极的面积比电容高达 3950 mF/cm^2。与此类似，作者制备了高性能的聚苯胺/五氧化二钒/碳纤维束复合线性电极，其面积比电容为 3070 mF/cm^2。将上述两种柔性电极按照如图 1.1(a) 所示的缠绕方式即可组装成工作电压为 0~2 V 的非对称型线性超级电容器，高的电极比电容和宽的电压窗口赋予了该器件高的能量密度。

棉纱线、亚麻纱线、竹纤维纱线等与碳纤维束有相似的尺寸（直径均为数百微米）、构造（均由成千上万根更为细小的单丝拧成）和机械性能（柔性好、机械强度较大），也可被用作纤维状柔性电极中的结构基底[12,40]。然而，上述纱线多是电绝缘的，当其用在纤维电极中时，往往要求引入的电化学活性物质具有良好的导电性，如引入碳纳米管、石墨烯和纳米碳基复合材料等。

4. 碳纳米管纤维支撑的柔性纤维电极/超级电容器

作为典型的碳纳米材料，碳纳米管和石墨烯纳米片具有优异的导电能力和较高的比表面积，可作为双电层电容材料；碳纳米管纤维、石墨烯纤维和碳纳米管/石墨烯复合纤维不仅保持了碳纳米管和石墨烯纳米片的上述优点，还具有体积密度小而机械强度较高的特点[44-45,61-62]。利用上述纤维制备柔性的线性电极理论上是可行的。

碳纳米管纤维多由化学气相沉积方法制备。Smithyman 将碳纳米管纤维直接用作超级电容器电极[62]，发现其质量比电容为 20 F/g；将碳纳米管纤维作为内电极、碳纳米管薄膜作为外电极制备的同轴结构的线性超级电容器，体积比电容不足 0.8 F/cm^3。纯碳纳米管纤维电极比电容不高的原因一方面在于碳纳米管自身比表面积仅约为 100~250 m^2/g，远低于活性炭材料；另一方面在于碳纳米管纤维内部较为致密的结构阻碍了电解质中离子的扩散和对整个电极的浸润。因此，为制备碳纳米管纤维支撑的高性能柔性线性超级电容器电极，碳纳米管纤维需要与其他高比电容活性物质进行复合。例如，Choi 等人将二氧化锰电化学沉积在碳纳米管纤维上得到了二氧化锰/碳纳米管复合纤维[28]。碳纳米管可有效提高二氧化锰的电学性能，使二氧化锰超高的理论比电容得以更好发挥。结果，由这种复合纤维电极组装的纤维状对称型柔性超级电容器展现出 25.4 F/cm^3 的比电容值、3.52 $mW \cdot h/cm^3$ 的能量密度和 127 mW/cm^3 的功率密度。此外，该复合纤维电极可以弯曲、打结等，但在变形状态下电化学性能基本保持不变。除二氧化锰外,聚苯胺、介孔炭等也被用作碳纳米管纤维基线性电极中的电化学活性物质。

5. 石墨烯纤维支撑的柔性纤维电极/超级电容器

石墨烯纤维支撑的柔性纤维电极/超级电容器亦有研究。当被直接用作超级电容器电极时,石墨烯纤维和碳纳米管纤维表现类似:由于结构致密,其电化学比电容较低[44,61]。尽管如此,石墨烯纤维轻质高强、柔性好、导电性能优异,因此能够被用作柔性纤维电极中的结构支撑体。Meng 等人通过在石墨烯纤维表面包覆蓬松排列的石墨烯纳米片网络制备了全石墨烯纤维电极[44]。其中,内部的石墨烯纤维主要作为集流体和柔性结构骨架,而外层的石墨烯纳米片蓬松网络则作为电化学活性物质。基于这种全石墨烯纤维电极的对称型超级电容器的比电容为 $1.2\sim1.7~mF/cm^2$,比电容较小的原因在于该纤维电极中电化学活性物质的负载量过低。Li 等人则制备了二氧化锰/石墨烯复合纤维[61]。当其用作超级电容器电极时,比电容为 $42.02~mF/cm^2$,远高于纯石墨烯纤维的比电容($2.13~mF/cm^2$)。

Cheng 等人尝试利用化学气相沉积方法在石墨烯纤维表面生长碳纳米管以制备碳纳米管/石墨烯复合纤维[45]。尽管该纤维具有突出的机械柔性,但与上述讨论的全石墨烯纤维相比,在电化学储能方面未显示出明显提升。根据电化学测试结果,这种碳纳米管/石墨烯复合纤维电极的比电容也很低,仅为 $1.2\sim1.3~mF/cm^2$。

1.3.2　薄膜式的柔性电极和超级电容器

薄膜式的柔性超级电容器可被设计用于折叠式手机、数码相机和笔记本计算机等,其由柔性的薄膜电极、柔性的封装外壳以及柔性的集流体组成[5-7],如图 1.6(a)所示。高性能的柔性薄膜电极是制备相应超级电容器的关键。按照基底的有无,柔性薄膜电极可分为自支撑的电极和柔性基底支撑的电极,分别如图 1.6(b)和图 1.6(c)所示。对于自支撑的柔性薄膜电极,电化学活性物质自身即可构成力学结构稳健的网络。碳纳米管、碳纳米纤维等具有较大的长径比、良好的机械强度和柔韧性,可形成自支撑的柔性薄膜[63-65];石墨烯的二维片层结构、导电高分子的长链结构也有助于将它们制成自支撑的薄膜[66-69];而金属氧化物和金属氢氧化物颗粒硬而脆,往往难以通过相互缠绕/搭接的方式形成自支撑的薄膜电极。对于纯碳材料薄膜,它们的电化学性能受诸多因素的影响,如比表面积和孔隙率,但整体

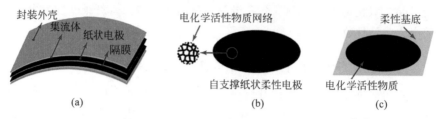

图1.6   薄膜式柔性超级电容器和柔性电极结构示意图[13]

(a) 薄膜式柔性超级电容器结构示意图;(b) 自支撑的柔性薄膜电极和(c) 柔性基底支撑的薄膜电极

Reproduced from Ref. 13 with permission from The Royal Society of Chemistry.

看来,碳材料主要贡献双电层电容,电荷存储能力有限;通过在碳材料薄膜电极表面沉积其他高赝电容的电化学活性物质(如金属氧化物、金属氢氧化物、导电高分子),有利于提升薄膜电极的比电容、能量密度等。显然,自支撑的薄膜电极无须额外的结构支撑体(基底),省去了涂膜工艺,同时有利于减轻电极和超级电容器的质量。然而,对于一些难于制成自支撑薄膜电极的材料,需要将其涂覆/沉积在柔性的基底上以得到柔性薄膜电极[70-72]。

1. 自支撑的柔性薄膜电极

自支撑柔性碳薄膜包括碳纳米管薄膜、石墨烯薄膜、碳纳米纤维薄膜等。静电纺丝工艺制备的碳纳米纤维在结构上与碳纳米管具有很大的相似性,如数纳米至几百纳米的直径、几百纳米至微米级的长度等,此处主要介绍碳纳米管薄膜和石墨烯薄膜电极。化学气相沉积和抽滤工艺是制备碳纳米管薄膜和石墨烯薄膜的两种主要方法[22,24,73-75]。

1) 自支撑的柔性碳纳米管薄膜电极

碳纳米管的直径、长度、手性、结晶性等会影响碳纳米管薄膜的比表面积、电导率、孔结构,从而影响薄膜电极的电化学性能[24]。Niu 等人以化学气相沉积法生长的自支撑单壁碳纳米管薄膜为电极制备了卷绕式对称型超级电容器[65]。其中,碳纳米管薄膜同时作为电化学活性物质和集流体。经测试,该碳纳米管薄膜电极的比电容为 140 F/g,能量密度和功率密度分别达到了 43.7 W·h/kg 和 197.3 kW/kg。Barisci 等人利用抽滤方法制备的自支撑碳纳米管薄膜电极则具有 18.0~40.7 F/g 的比电容[76]。

2) 自支撑的柔性石墨烯薄膜电极

石墨烯是另一种重要的可用于能量存储的碳纳米材料。自支撑柔性石墨烯薄膜可通过抽滤方法制得,而该薄膜的电化学性能受到石墨烯纳米片物化性质和分布状态的影响。实际上,石墨烯纳米片的制备往往有多种方法,不同方法制备的石墨烯纳米片差异很大,因此对应的石墨烯薄膜表现出了迥异的电化学行为。例如,根据 Sumboja 等人的研究[77],对于未精心设计的石墨烯纳米片,由其制成的石墨烯薄膜电极的比电容仅为 67 F/g;Lei 等人利用尿素还原的氧化石墨烯制备了自支撑的石墨烯薄膜,其比表面积较大,为 590~630 m^2/g,有利于提高石墨烯纳米片作为双电层电容材料时存储电荷的能力,最终该石墨烯薄膜的比电容达到了 172 F/g[78];Zhang 等人则通过 KOH 活化的方法将石墨烯纳米片的比表面积进一步提高至 2400 m^2/g,如图 1.7 所示[79],以此石墨烯制备的自支撑薄膜电极展现出 300 F/g 的比电容值。

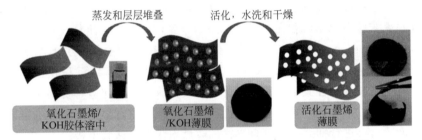

蒸发和层层堆叠　　　　活化,水洗和干燥

氧化石墨烯/KOH胶体溶中　　　氧化石墨烯/KOH薄膜　　　活化石墨烯薄膜

图 1.7　化学活化法制备超高比表面积石墨烯材料的流程图[79]

Reproduced with permission from Ref. 79. Copyright 2012 American Chemical Society.

　　然而,石墨烯纳米片在抽滤过程中极易发生堆叠和团聚,电解液中的离子很难有效进入这些团聚体内部,使石墨烯纳米片表面活性位点难以充分利用,导致石墨烯薄膜电极的电化学性能严重变差[80-82]。因此,如何有效避免石墨烯纳米片在抽滤过程中的堆叠和团聚变得非常重要。Yang 等人认为[80],石墨烯纳米片的团聚主要发生在石墨烯抽滤成膜的后期以及后续的干燥过程中,因此他们提出了"溶剂化的石墨烯薄膜"概念。简单来说,就是把石墨烯溶液抽滤成石墨烯薄膜后,让大部分的溶剂保留在石墨烯纳米片层之间,从而有效避免石墨烯纳米片的团聚。这种石墨烯薄膜具有 215 F/g 的比电容,并且即使在 100 A/g 的电流密度下经过 10 000 次充放电循环,电容保持率仍高达 97%。Wang 等人则在石墨烯溶液中加入炭黑纳米颗粒后再进行抽滤[81-82],结果炭黑纳米颗粒分布在石墨烯纳米片层间,既阻止了石墨烯纳米片的团聚,又提高了石墨烯薄膜的电导率,石墨烯薄膜电极的电化学性能也相应得到改善。

3) 其他一些自支撑的柔性碳材料薄膜电极

虽然活性炭材料是一种性能优异的超级电容器电极材料,但与碳纳米管和石墨烯相比,活性炭自身成膜性差,很难被单独制成自支撑的柔性薄膜电极。Xu 等人在活性炭悬浮液中加入少量碳纳米管[83],通过抽滤方法成功制备了以活性炭为主要成分的柔性薄膜电极。与此类似,利用碳纳米管与石墨烯的混合悬浮液,可以得到自支撑的碳纳米管/石墨烯混合薄膜,且碳纳米管与石墨烯之间的协同作用,使该薄膜电极在电学、力学和电化学性能等方面,往往优于纯碳纳米管薄膜或纯石墨烯薄膜[84-86]。

4) 自支撑的柔性碳基复合材料薄膜电极

碳材料薄膜具有高的电导率、良好的倍率性能和循环稳定性,但其比电容却不够理想,可以通过与金属氧化物、金属氢氧化物和导电高分子进行复合的方法提高碳材料薄膜电极的比电容和能量密度等[33,77,87-93]。Niu 等人将聚苯胺电化学沉积在自支撑的碳纳米管薄膜上[89],使薄膜电极的比电容由 23.5 F/g(纯碳纳米管薄膜)提高至 236 F/g(复合薄膜),且后者的能量密度高达 131 W·h/kg;Chou 等人将二氧化锰纳米线沉积在抽滤工艺制备的自支撑柔性碳纳米管薄膜上[90],使薄膜电极的比电容提高了一倍以上;而 Hu 等人则先配置了四氧化三锰纳米纤维与石墨烯纳米片的混合悬浮液[94],再进行抽滤以得到自支撑的柔性石墨烯基薄膜电极。

2. 柔性基底支撑的柔性薄膜电极

1) 金属箔基底支撑的柔性薄膜电极

上文已述,利用传统涂覆工艺将活性物质涂覆于光滑金属箔基底上得到的电极虽具有一定的柔性,但在数次弯曲后,活性物质涂层容易开裂且容易从金属箔基底上脱落。因此,制备高性能的金属箔基底支撑的柔性薄膜电极一方面要求采用高性能的电化学活性物质并优化其在电极中的结构形态,另一方面需要选择合适的金属箔基底及涂覆/沉积工艺以增强金属箔基底与活性物质之间的结合力。Shah 等人利用化学气相沉积方法在金属箔基底上生长了碳纳米管阵列[95],发现碳纳米管的长度对整个薄膜电极的电化学性能具有显著影响;Liu 等人则先在不锈钢基底上生长四氧化三钴纳米线[96],随后依次进行碳包覆和二氧化锰纳米片包覆,这种精心设计的构造使电极物质的比电容达到了 480 F/g,且具有良好的倍率性能和循环稳定性。

2) 塑料基底支撑的柔性薄膜电极

金属箔基底支撑的电极/超级电容器往往是不透明、不可拉伸的,而塑料基底能够被用于制备可弯曲、可拉伸以及透明的薄膜式柔性电极/超级电容器[97-100]。如图 1.8 所示,Shi 等人利用丝网印技术将二氧化锰纳米片涂覆在导电的 ITO-PET 塑料基底上[97]。由于二氧化锰涂层不连续、同时 ITO-PET 基底本身具有高的透光度和柔韧性,涂覆有二氧化锰的 ITO-PET 成为柔性、透明的薄膜电极:二氧化锰的比电容为 774 F/g;循环寿命超过 10 000 周;当该电极被弯曲时,电化学性能保持稳定。Niu 等人则将化学气相沉积法制备的单壁碳纳米管薄膜贴附在 PDMS 基底上[98],从而制备了可拉伸的薄膜式电极,其最大拉伸形变量超过 140%,并且在拉伸变形过程中,电极比电容变化不大。Chen 等人为提高碳纳米管/PDMS 薄膜式电极的储能密度,将聚苯胺沉积在碳纳米管薄膜的表面,得到了比电容为 335.8 F/g 的聚苯胺/碳纳米管/PDMS 可拉伸薄膜式电极[99]。

图 1.8　丝网印刷制备的柔性、透明、薄膜式电极[97]

3) 其他基底支撑的柔性薄膜电极

除金属箔和塑料基体外,其他一些柔性基底也可用于柔性薄膜电极的制备[101-103]。纸多由纤维素构成,具有高孔隙率、柔性、廉价易得等特点。其中,纸的多孔结构有利于电化学活性物质的沉积以及电解液离子在纸基电极(以纸为基底的薄膜电极被广泛地称为"纸基电极")内部的快速扩散。Liu 等人将纸浸入氧化石墨烯溶液中并干燥、还原,得到了还原氧化石墨烯修饰的纸张,随后进行聚苯胺的沉积,最终制得了以纸为基底、以聚苯胺和还原氧化石墨烯为电化学活性物质的薄膜电极,比电容为 464 F/g[102]。

1.3.3　3D 多孔柔性电极和相应的超级电容器

纤维状和薄膜式的柔性超级电容器多具有优异的质量比电容、能量密度和功率密度,但因其尺寸较小、电化学活性物质负载量有限,单一器件的总能量输出过小[13,39,104-105],不适用于大型设备。将多个柔性纤维超级电容器通过有效的串并联方式编织成大尺寸的织物状超级电容器,有望获得较高的输出能量[44-46],但到目前为止,这一设想的实现还存在诸多障碍。例如,如何制备出长度足够长、强度足够大且生产成本足够低的纤维状柔性超级电容器以满足上述编织工艺? 对于薄膜状的柔性超级电容器,其高质量比电容的取得多建立在超薄电极物质涂层的基础上,此时整个电容器的能量输出很低;而增加电极物质厚度,往往会导致电极/超级电容器质量比电容的大幅下降[95,106-107]。此外,一些高性能纤维状和薄膜式柔性超级电容器的制备工艺复杂、原材料昂贵,难以实现批量化生产。

为制备具有高能量输出的超级电容器,研究者们发展了厚度大、孔隙率高的电极(3D 多孔电极)[108-120]。每个 3D 多孔电极包含一个多孔的结构骨架(基体材料)和骨架之间的电化学活性物质填充物。对于柔性的 3D 多孔电极(包括柔性织物电极、气凝胶电极和海绵电极等),基体材料是柔性、多孔的,且厚度大多在 $100~\mu m$ 以上。基体材料的上述特点具有如下优势:①基体材料的高柔性是 3D 电极具有良好柔性的基础;②多孔结构可容纳高载量的电化学活性物质,从而制备具有高面积比能量的电极;③有利于电解液中离子的快速运动,从而使 3D 多孔电极具有较高的功率密度(应当指出,过高的孔隙率可能引起电极电学性能的降低,此时不利于实现高的功率密度)。显然,基体材料最基本的功能是作为柔性电极的结构支撑体,而电化学活性物质填充物的基本功能是提供电化学容量;在某些情况下,这两种组分对于整个电极/超级电容器来说兼具其他功能,详见以下讨论。

1. 柔性的织物电极/超级电容器

棉布、碳纤维布等是典型的柔性织物电极基体材料。这些基体材料与日常衣物面料具有相似的制备方法(如纺织工艺)、甚至本身即为日常衣物面料的一部分,因此织物电极多被设想用于设计智能衣物[15,39,108-111]。在织物电极中,电化学活性物质填充物可以是碳材料、金属氧化物、金属氢氧化物、导电高分子以及它们的复合材料。无论织物基体与填充物如何搭配,最终得到的织物电极须满足柔性、导电和电化学性能优异的原则。

1) 棉布基的柔性织物电极/超级电容器

Hu 等人利用简单的"浸渍-干燥方法"将单壁碳纳米管引入到棉布中,制备了可拉伸的碳纳米管/棉布织物电极,如图 1.9 所示[90]。碳纳米管牢牢附着在棉布纤维的表面,在改善织物电极电学性能的同时,贡献较高的电化学比电容。以该织物电极组装了对称型柔性超级电容器,当其被拉伸至原长的 2.2 倍时,比电容基本保持不变。Jost 等人则进一步讨论了不同碳材料(电化学活性物质,包括活性炭颗粒、碳洋葱等)填充的不同织物基体(如棉布和涤纶纤维面料)电极的电化学储能行为[39]。

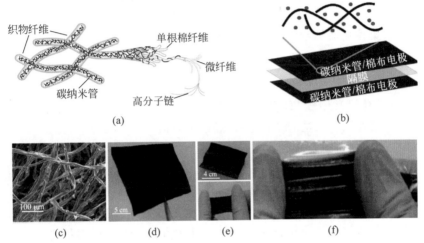

图 1.9 可拉伸的碳纳米管/棉布电极及其柔性超级电容器[108]
(a) 电极微观结构示意图;(b) 组装的柔性超级电容器构造示意图;(c) 电极扫描电镜图;
(d),(e) 电极数码图片;(f) 柔性超级电容器拉伸状态下的数码图片

Reproduced with permission from Ref. 108. Copyright 2010 American Chemical Society.

2)碳纤维织物基的柔性织物电极/超级电容器

棉布廉价易得,但其绝缘特性容易导致最终制得的织物电极具有较差的电学性能。基于此,柔性、多孔且导电的碳纤维织物作为柔性织物电极的基体材料具有更大优势[102,111-112]。Hsu 等人利用化学气相沉积方法在碳纤维布上生长碳纳米管[111],制备的碳纳米管/碳纤维柔性织物电极在中性水系电解液中的质量比电容为 225 F/g。Jost 等人将活性炭颗粒引入碳纤维布中[11],并组装了以活性炭颗粒/碳纤维布织物为电极的对称型织物超级电容器,面积比电容为 510 mF/cm^2。然而,当其被弯曲成 90°时,电容器比电容下降 20%,且反复弯曲会使电化学性能进一步恶化,主要原因在于活性炭颗粒与碳纤维之间的结合力差,在电容器弯曲过程中极易从电极上脱落。Yang 等人则通过在碳纤维布上沉积二氧化锰纳米线的方法提高碳纤维布织物电极的超电容性能[121]。

由于碳纤维(本书中未加说明之处的"碳纤维"均指未经活化处理的碳纤维)表面光滑、比表面积较小,碳纤维布自身几乎不具备电化学活性[111],故碳纤维织物在整个织物电极/超级电容器中承担柔性结构支撑体和集流体的功能。这意味着,上述织物电极的电化学性能主要是由电化学活性物质填充物决定。此外,将棉布进行碳化得到的织物基体和碳纤维布具有高度类似的性质,因此也被用作柔性织物电极的基体材料[109]。

2. 柔性的海绵状电极/超级电容器

包括碳材料修饰的聚氨酯海绵、碳气凝胶、泡沫镍和其他一些3D大孔碳骨架在内的海绵状块体满足多孔和导电的要求,因此其中的一些柔性的海绵状块体可被用作3D多孔柔性电极的基体材料。

1) 聚氨酯海绵基的柔性电极/超级电容器

聚氨酯海绵柔软多孔,但往往是电绝缘的。Chen等人依次将单壁碳纳米管和二氧化锰纳米颗粒均匀沉积在聚氨酯海绵上以制备柔性的海绵电极(图1.10)[113,122]。在该电极中,海绵仅作为结构骨架,碳纳米管保证了电极具有高的电导率,而二氧化锰的作用则是提供高的赝电容。与此类似,Ge等人将碳纳米管换作石墨烯,研究了石墨烯/二氧化锰/海绵电极的机械柔性和电化学行为[123]。

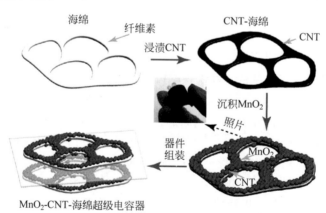

图1.10　柔性的碳纳米管/二氧化锰/聚氨酯海绵电极制备流程和数码图片[113]

Reproduced with permission from Ref. 113. Copyright 2011 American Chemical Society.

2) 泡沫镍基的柔性电极/超级电容器

泡沫镍除了像海绵一样柔韧、多孔外,还具有优异的电学性能。沉积了碳纳米管或/和石墨烯的泡沫镍可直接用作 3D 多孔柔性电极,也可进一步沉积其他电化学活性物质后用作柔性电极。Zhu 等人在泡沫镍上分别沉积石墨烯、石墨烯/碳纳米管复合材料、石墨烯/碳纳米管/二氧化锰复合材料,发现三种柔性电极的比电容依次为 23 F/g,31 F/g,235 F/g[124]。Zhou 等人则在包覆了石墨烯的泡沫镍上生长二硫化镍纳米棒和氢氧化镍纳米片[125],制备的泡沫镍基复合材料电极的体积比电容为 4.7 F/cm^3。

3)自支撑 3D 石墨烯泡沫基的柔性电极/超级电容器

自支撑的 3D 石墨烯泡沫具有密度小、高导电和高比表面积的特点。在泡沫镍表面化学气相沉积石墨烯后,刻蚀去除泡沫镍基底,即可得到自支撑的 3D 石墨烯泡沫[119]。一些研究报道了以自支撑 3D 石墨烯泡沫为基体材料制备的 3D 多孔柔性电极[119-120,126-131]。例如,He 等人制备了二氧化锰纳米颗粒修饰的石墨烯泡沫电极[126],石墨烯泡沫大的比表面积(392 m^2/g)允许沉积高载量的二氧化锰(9.8 mg/cm^2),结果该复合电极的面积比电容超过 1.4 F/cm^2,并可被弯曲和卷绕等。

4)碳气凝胶基的柔性电极/超级电容器

碳气凝胶(包括化学气相沉积法制备的碳纳米管海绵)可通过冷冻干燥、超临界干燥、化学气相沉积或水热方法等制备[116,131-135]。对于一些柔性的碳气凝胶材料,尤其是柔性的碳纳米管气凝胶和石墨烯气凝胶,用于制备超级电容器电极的研究多有报道。

Aken 利用超临界干燥方法制备了单壁碳纳米管气凝胶[114]。其比表面积大、电学性能好、孔结构发达,可直接用作超级电容器电极。换言之,对于该气凝胶电极,结构支撑体、电化学活性物质和集流体均是碳纳米管(构成的 3D 网络)。尽管其具有优异的倍率性能和循环稳定性,但比电容却不高(小于 50 F/g)。相似地,化学气相沉积法生长的碳纳米管海绵比电容也较低[136]。Li 等人以上述碳纳米管海绵为基体,将聚吡咯和二氧化锰依次包覆在碳纳米管表面(记作 CNT@PPy@MnO$_2$ 电极),如图 1.11 所示[136]:碳纳米管海绵作为柔性的结构骨架和集流体,聚吡咯和二氧化锰则作为高性能的电化学活性物质。该碳纳米管海绵基的柔性电极具有 325 F/g 的质量比电容;其可被压缩,且压缩过程中电极的质量比电容变化不大,因此体积比电容大幅增长。此外,Zhao 等人报道了聚吡咯修饰的石墨烯气凝胶柔性可压缩电极[116]。

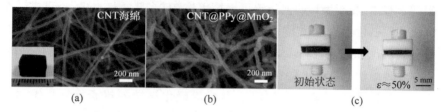

图 1.11　可压缩的碳纳米管海绵与聚吡咯/二氧化锰/碳纳米管海绵电极[136]

扫描电镜图：(a) 碳纳米管海绵；(b) 聚吡咯/二氧化锰/碳纳米管海绵电极；(c) 聚吡咯/二氧化锰/碳纳米管海绵电极的压缩测试

Reproduced with permission from Ref. 136. Copyright 2014 American Chemical Society.

1.4　柔性超级电容器及柔性电极研究存在的不足

如上所述，具有多种外观形态和功能的柔性超级电容器和相应的柔性电极已被大量报道，显示了柔性储能课题的重要性；然而，对于柔性超级电容器和柔性电极，当前的研究尚存在如下不足。

(1) 电化学行为方面，柔性电极与柔性超级电容器的储能密度整体还较低。主要原因在于：①柔性电极中沉积的活性物质多为纳米颗粒，当活性物质负载量较高时，纳米颗粒之间的范德华力等相互作用易引起活性物质的团聚，导致电极电化学性能难于提高、甚至恶化；②高负载量的电化学活性物质往往意味着电极厚度的增加，对电子传导和离子传输提出了更高要求，因此设计更有效的电子传导网络和离子传输通道是潜在挑战；③为保证柔性电极所需的良好机械柔性特征，在电极中引入了不具备电化学活性的柔性结构支撑体且其质量分数或体积分数往往较大，从而降低了电极整体的比电容和比能量。汇总起来，本书将制备高储能密度柔性电极和柔性超级电容器的关键概括为"在活性物质高载量情况下如何实现在柔性电极中的均匀分布和高效利用"("均匀分布"即要求解决纳米材料在高含量下的团聚问题，"高效利用"即要求在电极内部构筑有效的电子传导网络和离子传输通道使活性物质能够充分参与电化学反应)。

(2) 机械性能方面，目前报道的柔性电极的柔性可变形能力还有待提高，如仅可弯曲数次或数十次的电极远无法满足柔性电子器件在实际使用过程中对储能器件提出的复杂可变形需求。

(3) 理论机制方面，目前对柔性超级电容器发生不同形变时内部各组件(特别是电极)的应力/应变情况缺乏深入的理论认识，对形变过程中电极和器件的微观结构失效机制缺乏有效的分析。

1.5 本课题的提出及研究思路和内容

基于上述分析,本书拟研究"在活性物质高载量情况下如何实现在柔性电极中的均匀分布和高效利用"问题,以制备具有高储能密度和良好可变形能力的柔性超级电容器电极(柔性器件的组装不作为本研究工作的重点)。研究内容包括以下几个方面:

(1)柔性电极内部电化学活性基底的研究。研究碳纤维活化前后的电化学行为,探讨活性碳纤维织物用作柔性超级电容器电极基底的可行性,提出电化学活性基底的概念;设计制备碳纳米材料/活性碳纤维织物柔性复合全碳织物电极,探讨多尺度碳材料间的协同作用对织物电极电化学行为和机械柔性的影响。此部分主要对应第 3 章内容。

(2)柔性电极内部活性基底与赝电容材料的界面耦合研究。基于活性碳纤维布基底,原位负载二氧化锰纳米片或二氧化锰/碳纳米管活性物质,实现活性基底与赝电容材料有效的界面耦合,促进赝电容材料高比电容优势的发挥。研究不同组成(如二氧化锰沉积量)和微观形貌的活性碳纤维/二氧化锰/碳纳米管复合织物电极的电学、比表面积和孔结构、电化学性能、机械柔性;研究活性碳纤维基底、二氧化锰纳米片和碳纤维/碳纳米管这一多尺度碳导电网络之间的作用关系。利用"自上而下"方法由织物电极制备柔性纤维电极。系统研究纤维电极的电化学行为和力学性能等;揭示柔性电极在反复变形过程中电化学性能衰减与电极内部微观结构变化的关系。此部分对应本书的第 4 章内容。

(3)柔性电极内部电化学活性物质的立体式分布设计研究。基于活性碳纤维布-碳纳米管 3D 碳网络骨架,通过两步法引入聚苯胺以制备活性碳纤维/聚苯胺/碳纳米管/聚苯胺柔性电极,实现电化学活性物质在柔性电极中的高负载量和立体式分布。研究聚苯胺单一沉积在活性碳纤维表面的微观形貌和最佳沉积量;研究当聚苯胺同时分布在活性碳纤维表面和碳纤维之间(碳纳米管网络上)时,电极的微观结构、电学性能、比表面积和孔结构、电化学行为、机械柔性;从电化学动力学等角度阐明柔性电极性能与内部多层级结构(活性物质的多层级分布、多尺度碳导电网络、多层次孔结构)的关系。此部分对应本书的第 5 章内容。

(4)纸基柔性电极与器件的研究。相关研究包括两部分内容。第一部分为可透气柔性超级电容器的制备：基于无尘纸基底，负载碳纳米管和二氧化锰，制备碳纳米管/二氧化锰/纸基电极，研究电极的组成、微观形貌、电化学行为和机械性能；将上述电极借助凝胶电解质组装成固态超级电容器并进行穿孔处理以引入气体流通通道，研究穿孔前后超级电容器的电化学性能、机械柔性和透气性。第二部分为具有高面积比电容和优异倍率性能柔性纸基电极的制备：基于纸质基底，层层沉积碳纳米管/聚苯胺复合网络；从电化学角度探究聚苯胺在单层复合网络上的最佳沉积量和纸基电极中碳纳米管/聚苯胺复合网络的最佳沉积层数，揭示上述因素与电极微观结构、电学性能和电化学性能之间的关系；系统表征纸基电极的机械柔性。此部分对应第 6 章内容。

　　本书的研究思路如图 1.12 所示。

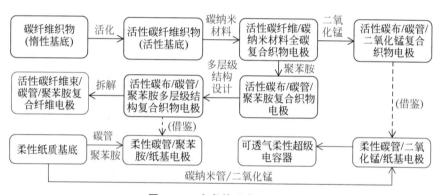

图 1.12　本书的研究思路图

第 2 章　实验材料与研究方法

2.1　原材料与实验设备

2.1.1　主要原材料

本书涉及的主要原材料如下所示。

(1)碳纳米管水系浆料：深圳纳米港有限公司生产；由碳纳米管、聚乙烯吡咯烷酮分散剂和溶剂水构成,其中碳纳米管含量为 5 wt.%,分散剂含量约为 1 wt.%；碳纳米管是由化学气相沉积法制得的多壁碳纳米管,直径为 8~25 nm(实验室测试数据),长度为 5~15 μm,比表面积为 150~210 m^2/g；碳纳米管浆料黏度大,使用前按照比例加入去离子水并搅拌均匀以配成不同质量分数(0.5~3 wt.%)的碳纳米管水系悬浊液。

(2)石墨烯水系浆料：鸿纳(东莞)新材料科技有限公司生产,型号为 Pas2002；石墨烯含量为 5.49 wt.%；石墨烯浆料黏度很大,使用前按照比例加入去离子水并机械搅拌以配成质量分数为 1 wt.%的石墨烯水系悬浊液,配好后立即使用。

(3)活性碳纤维毡子：吉林市神舟炭纤维有限责任公司生产；由碳纤维经过活化制得；厚度为 2.5~3.0 mm(自然状态),面密度约为 250 g/m^2,比表面积约为 1500 m^2/g；使用前用去离子水反复浸泡数次后烘干。

(4)活性碳纤维布：南通森友炭纤维有限公司生产；由碳纤维经过活化制得；厚度为 400~500 μm(自然状态),干重面密度为 120~125 g/m^2,比表面积为 900~1000 m^2/g；使用前用去离子水反复浸泡数次后烘干。

(5)普通碳纤维布：日本东丽公司生产；比表面积小于 20 m^2/g。

(6)无尘纸：实验室普通无尘纸；由 55%纤维素纤维和 45%聚酯纤维构成。

(7)高锰酸钾：化学式为 $KMnO_4$；国药集团生产；分析纯；配成 0.1 mol/L $KMnO_4$ 水溶液使用。

(8)氢氧化钾：化学式为 KOH；国药集团生产；分析纯；配成 6 mol/L

KOH水溶液使用。

（9）硫酸：化学式为H_2SO_4；98％浓硫酸；配成1 mol/L H_2SO_4水溶液使用。

（10）苯胺：化学式为C_6H_7N；国药集团生产；分析纯。

（11）过硫酸铵：化学式为$(NH_4)_2S_2O_8$；国药集团生产；分析纯。

（12）聚乙烯醇：化学式为$[—CH_2CHOH—]_n$，简记为PVA；上海阿拉丁生化科技股份有限公司生产；1788型，醇解度为87.0％～89.0％（mol/mol）。

2.1.2　主要实验设备

本书涉及的主要实验设备如下。

（1）冷冻干燥机：北京博医康实验仪器有限公司生产；型号为FD-1-50；使用冷阱温度为−60～−50℃，极限真空度小于20 Pa；用于冷冻干燥样品。

（2）多通道VMP3电化学工作站：法国Bio-Logic公司生产；用于超级电容器的电化学性能表征。

（3）电池封口机：深圳市科晶智达科技有限公司生产；型号为MSK-110小型液压纽扣电池封口机；用于封装CR2032型纽扣电池。

（4）电池冲片机：深圳市科晶智达科技有限公司生产；型号为MSK-T10手动切片机；用于冲切电极片和隔膜。

（5）低温恒温槽：深圳市超杰实验仪器有限公司生产；型号为DC-4010 A，以丙三醇和水的混合液为冷却介质，控温范围为−40～100℃；用于苯胺聚合过程中的温度控制。

（6）试样透气性测试装置：实验室自制；具体装置结构将在后文中展示；用于定量化评估薄膜式电极、薄膜式超级电容器和其他织物试样的透气性。

（7）此外，实验过程中用到了其他常见设备，如真空烘箱、电子天平、打孔器、磁力搅拌器等；使用过其他类型的电化学工作站（如输力强电化学工作站或Zahner Im6e），但测试效果与VMP3无明显差异。

2.2　材料表征技术

研究过程中对原材料和电极的微观形貌、组成成分、电导率等物化属性进行了表征，各种表征技术的工作原理在此不一一赘述，只简要说明其在本书研究过程中的作用。

2.2.1　扫描电子显微镜

扫描电子显微镜（scanning electron microscopy，SEM；型号：HITACHI S4800，Japan）用于观察材料和电极等的微观形貌；借助扫描电子显微镜上配备的能谱仪（energy dispersive spectrometer，EDS）对材料或电极特定区域进行元素分析，采用面扫描模式得到所需元素的面分布图。

2.2.2　透射电子显微镜

透射电子显微镜（transmission electron microscopy，TEM；型号：FEI Tecnai G2 F30）用于观察材料的微观形貌，如获得碳纳米管的尺寸信息、研究二氧化锰纳米颗粒在碳纳米管表面的形态等。

2.2.3　热重分析

利用同步热分析仪（型号：Netzsch STA 449F3）准确测量活性碳纤维织物等材料的水分含量、二氧化锰在活性碳纤维/碳纳米管/二氧化锰电极和碳纳米管/二氧化锰/纸基电极中的负载量。

2.2.4　比表面积分析仪

利用吸附及比表面测试仪（型号：ASAP2000M＋C）对原始活性碳纤维织物和复合织物电极进行氮气吸脱附测试等，以得到上述材料的比表面积和孔结构信息。

2.2.5　X 射线光电子能谱技术

利用 X 射线光电子能谱（X-ray photoelectron spectroscopy，XPS）技术分析碳纳米管/二氧化锰/纸基电极中 Mn 的价态。

2.2.6　四探针电阻测试法

利用四探针电阻分析仪测试原始活性碳纤维织物、复合织物电极和纸基电极的体积电导率。应当说明的是，由于上述电极孔隙率大，应当对每个样品进行多次测试并求平均值才能更好地反映电极的真实电学性能。此外，不同的测试方法，如两电极测试和四探针测试，得到的试样电导率会有差异。本书实验过程中报道的电极电导率均是通过四探针电阻测试法得到的。

2.3   超级电容器组装与测试方法

2.3.1   扣式超级电容器的组装

为评估电极的电化学性能,可采用三电极体系测试或两电极体系测试。在典型的三电极测试体系下,以所要评估的电极作为工作电极、金属铂电极为对电极、饱和甘汞电极作为参比电极,三电极同时浸渍在电解液中。然而,对于活性碳纤维织物等特别容易吸水的电极材料,在三电极测试体系下,难以准确控制浸渍在电解液液面以下的电极面积和质量。所以从实际效果看,三电极体系难以准确表征活性碳纤维织物电极的电化学性能。因此,本书中如无特殊说明,电极的电化学性能均通过两电极体系(组装成对称型扣式超级电容器)进行测试。

对称型扣式超级电容器的组装步骤如图 2.1 所示。电解液的滴加量以能够充分润湿电极片为准。对于活性碳纤维毡子为基底的复合织物电极,由于其厚度较大,在组装对称型扣式超级电容器过程中,只需使用一个不锈钢垫片即可。

图 2.1   对称型扣式超级电容器的组装流程

编号 1 为 CR2032 纽扣电池负极壳;编号 2 为弹片;编号 3 为不锈钢垫片;编号 4 为电极片;编号 5 为无尘纸隔膜;编号 6 为 CR2032 纽扣电池正极壳;编号 7 为组装的对称型扣式超级电容器

2.3.2   全固态柔性超级电容器的组装

全固态柔性超级电容器采用的是凝胶电解质。以 PVA/KOH 凝胶电解质为例,其配置过程如下:将 12 g PVA 粉末与 90 mL 去离子水放置于烧杯中,80～90℃加热并磁力搅拌直至 PVA 完全溶解、溶液变清澈透明,冷却至室温;将 6.48 g KOH 溶解于 30 mL 去离子水中,待冷却后与上述溶解了 PVA 的水溶胶混合并磁力搅拌均匀,即可得到 PVA/KOH 水溶胶。分别将两电极的一端浸入 PVA/KOH 水溶胶电解液中,充分浸渍后取出,在空气中静置约 12 h 使 PVA/KOH 电解液中的多余水分挥发以形成凝胶,将两电极涂覆了凝胶电解质的部分重叠放置并施加一定压力使其结合在一起(为保证更好的结合,也可以再在两电极重合部分涂覆 PVA/

KOH 水溶胶并静置成凝胶),便可得到全固态柔性超级电容器。若使用的两电极为相同的电极,则该固态超级电容器为对称型固态柔性超级电容器。

2.3.3 电化学测试技术

组装好的超级电容器需要在电化学工作站上进行测试以表征器件和电极的比电容、循环稳定性等电化学行为。对于超级电容器,常用的电化学测试技术包括循环伏安测试、恒电流充放电测试和交流阻抗谱测试。

1. 循环伏安测试

循环伏安(cyclic voltammetry,CV)测试对工作电极施加三角波电压以进行循环扫描,借此获得响应电流与施加电压之间的关系曲线。通过循环伏安测试,可以得知电极上是否有反应发生、发生的难易程度和可逆性等信息,从而为电极材料或超级电容器确定合适的工作电压范围,这对于新型电极材料尤为重要。不同的电极材料,由于储能机理不同、电极上发生的电化学过程不同,因而循环伏安曲线也有各自的特点。如对于纯碳电极材料,其循环伏安曲线多为矩形或类矩形;而对于聚苯胺,其循环伏安曲线上则有明显的氧化还原峰出现。电极在较高扫速下的循环伏安曲线能定性地反映电极内部电化学反应的动力学快慢和电极倍率性能的优劣。

循环伏安曲线可用于计算超级电容器或电极的比电容等。以对称型超级电容器为例,根据其循环伏安曲线计算单电极面积比电容 $C(\mathrm{mF/cm^2})$ 的计算公式为

$$C = 1000 \times \frac{\int i \times \mathrm{d}V}{S \times v \times \Delta V} \tag{2.1}$$

其中,$i(\mathrm{mA})$ 为响应电流,$V(\mathrm{V})$ 为电压,$S(\mathrm{cm^2})$ 为单电极的几何面积,$v(\mathrm{mV/s})$ 为扫速,$\Delta V(\mathrm{V})$ 为电压窗口。

2. 恒电流充放电测试

恒电流充放电(galvanostatic charge/discharge,GCD)测试即以恒定的电流对工作电极或超级电容器进行充电-放电测试,得到电极电位或器件电压随时间变化的曲线。恒电流充放电电压区间的设置一般是通过循环伏安测试确定的。对于双电层电容材料,其恒电流充放电曲线呈左右对称的倒 V 形且充电曲线或放电曲线的斜率基本固定;而对于很多赝电容材料,其

恒电流充放电曲线上充电曲线和放电曲线偏离直线形状且斜率是变化的。此外,恒电流充放电曲线上放电起始部分的电压降反映了器件或电极的内阻大小。基于恒电流充放电测试,可以计算超级电容器或电极的比电容、能量密度和功率密度等。由于面积比电容和面积比能量等是评价柔性超级电容器电极的重要指标,本书中的恒电流充放电测试是按照面积比电流的大小进行设置的。

恒电流充放电曲线可用于计算超级电容器或电极的比电容、能量密度和功率密度等。以对称型超级电容器为例,根据其循环伏安曲线计算单电极面积比电容 $C(\mathrm{mF/cm^2})$、器件面积比能量 $E(\mu \mathrm{W \cdot h/cm^2})$ 和器件面积比功率 $P(\mu \mathrm{W/cm^2})$ 的计算公式分别如式(2.2)、式(2.3)和式(2.4)所示:

$$C = 2 \times \frac{I \times \Delta t}{S \times \Delta U} \tag{2.2}$$

其中,$I(\mathrm{mA})$ 为使用的充放电电流,$\Delta t(\mathrm{s})$ 为放电时间,$S(\mathrm{cm^2})$ 为单电极的几何面积,$\Delta U(\mathrm{V})$ 为排除了电压降的电压范围。

$$E = 0.5 \times \frac{C \times \Delta U \times \Delta U}{4 \times 3.6} \tag{2.3}$$

其中,$C(\mathrm{mF/cm^2})$ 为单电极的面积比电容,$\Delta U(\mathrm{V})$ 为排除了电压降的电压范围。

$$P = \frac{3600 \times E}{\Delta t} \tag{2.4}$$

其中,$E(\mu \mathrm{W \cdot h/cm^2})$ 为器件的面积比能量,$\Delta t(\mathrm{s})$ 为放电时间。

3. 交流阻抗谱测试

电化学阻抗谱(electrochemical impedance spectroscopy,EIS)测试通过向一个稳定的电化学体系施加一个小振幅正弦交流电势波,获得体系阻抗随正弦波频率变化的情况。在超级电容器体系下,电化学交流阻抗谱主要反映电极-电解液界面上的动力学情况。超级电容器的电化学阻抗谱一般由高频区的半圆弧和低频区的斜线两部分构成(有时将低频区与高频区之间的过渡区域称为"中频区"):高频区半圆弧的起点代表电解液的体电阻和电极材料与集流体之间的接触电阻;半圆弧的大小代表界面上电荷转移阻抗;低频区斜线则反映离子在电极材料体相中的扩散情况,低频区的斜线越垂直于横坐标轴,电极越具有理想的电容特性。在本书的研究中,交流阻抗谱的测试条件为:在开路电压下施加 5 mV 的扰动振幅,频率测试范围为 10 mHz~100 kHz。交流阻抗谱图的拟合利用 ZSimDemo 分析软件完成。

第3章 基于活性碳纤维/纳米碳复合材料制备的柔性全碳织物电极

3.1 引　言

随着便携式/可穿戴电子设备的发展,用于柔性超级电容器的高性能柔性电极的制备成为重要研究课题。柔性电极一般由柔性基底和沉积在基底上的电化学活性物质两部分构成。为提高柔性电极的面积比电容和面积比能量,具有高质量比电容的纳米材料[103,116,129,136],如二氧化锰纳米片、聚苯胺纳米线等,往往被作为电化学活性物质引入电极内部(纳米材料在高含量时极易团聚,难以进一步提升柔性电极的电化学性能,同时可能引起电极机械柔性恶化,因而柔性电极中活性物质的负载量相对较低)。然而,柔性电极内部的柔性基底,如柔性纤维电极中的塑料纤维基底、柔性薄膜电极中的 PET 基底、3D 多孔柔性电极中的聚氨酯海绵基底等,占有很高的质量分数和体积分数,其电化学活性很差[47,53,97,113],拉低了整个柔性电极的比电容和比能量。因此,本章内容首先尝试解决柔性基底的惰性化问题,提出利用电化学活性基底提升柔性电极储能密度的思路。

柔性纤维状电极和柔性薄膜式电极一般具有良好的电化学性能,特别是高的功率密度。但由于整个电极中电化学活性物质负载量低,柔性纤维状电极和柔性薄膜式电极能量输出小、不适合为大型设备供应能量[13,39,104-105]。3D 多孔的柔性电极,如柔性织物电极等,一般具有约 $100~\mu m$ 以上的厚度和多孔的结构,单位面积上可负载更多的电化学活性物质,因此其面积比电容和面积比能量比柔性纤维状电极和柔性薄膜式电极高很多,近些年得到越来越多的研究[108-120]。本章内容正是围绕柔性织物电极的研究展开。然而,3D 多孔柔性织物较高的孔隙率导致了较差的电学性能,对电极和超级电容器的倍率性能和功率密度等产生了严重的负面影响。如何改善柔性织物电极的电学和电化学性能也是本章的研究重点。

在本章的研究中,我们提出了活性碳纤维织物作为柔性电极中活性基底的策略,解决了柔性电极普遍存在的惰性基底造成电极整体比电容低的问题;进一步利用碳纳米材料改善活性碳纤维织物的电学性能,实现微米-纳米多尺度碳材料在功能上的协同,获得了具有高电化学性能的柔性全碳电极[137]。具体来说,以氢氧化钾活化得到的 2.5～3.0 mm 厚活性碳纤维毡子(简称"活性碳毡")作为多孔基底,其由活性碳纤维构成,孔隙率约为95%,赋予了活性碳毡良好的机械柔性。如图 3.1 所示,活性碳毡可以被卷绕、弯折,以及任意裁剪并可直接用作自支撑的电极(无需黏结剂和涂覆工艺等)。这些特点使活性碳毡基的织物电极能够用在具有不同形状和功能要求的柔性电子设备上。作为 3D 多孔织物,活性碳毡电极有利于离子在电极内部的传输,为制备具有高面积比能量的厚电极提供了可能。活性碳毡比表面积约 1500 m^2/g,远高于先前报道的棉布、海绵、碳气凝胶和普通碳纤维织物基底,这是由活性碳毡的基本组成单元即活性碳纤维所决定的。早前的研究指出,活性炭颗粒和活性碳纤维(与黏结剂混合做成电极)由于具有高的比表面积、良好的电学性能和发达的孔结构,电化学性能优异。然而对于活性碳毡,其孔隙率高、导电性差,电化学性能不理想。因此,本章将高导电的碳纳米材料通过"浸渍-冷冻干燥方法"引入活性碳毡内部。制备的活性碳毡/碳纳米材料全碳复合织物电极保留了原始活性碳毡的结构特征,如高的比表面积、发达的孔结构和良好的机械柔性,同时展现出明显改

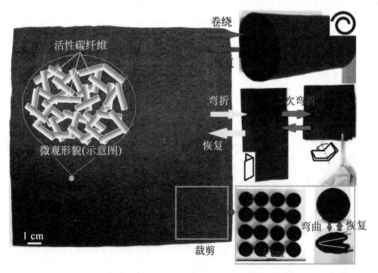

图 3.1　活性碳毡的数码图片、微观结构示意图与柔性展示[137]

Adapted from Ref. 137 with permission from The Royal Society of Chemistry.

善的电学和电化学性能。此外,基于柔性全碳电极组装了卷绕式超级电容器,以评估其在便携式/可穿戴储能器件上应用的可能性。

3.2　试样制备与表征方法

碳纤维的活化已经是成熟的商品化过程且批量化生产成本低,因此本书使用的活性碳纤维织物,包括活性碳毡和活性碳纤维布(简称为"活性碳布"),均是直接从生产厂家购买的。将活性碳毡浸渍到不同质量分数的碳纳米管水系悬浊液或质量分数为 1 wt.%的石墨烯水系悬浊液中,取出后冷冻干燥即可得到活性碳毡/碳纳米管和活性碳毡/石墨烯全碳复合织物。得到的活性碳毡/碳纳米管织物记作 FCx(x%为使用的碳纳米管水系悬浊液的质量分数),活性碳毡/石墨烯织物记作 FG。当纯活性碳毡用作超级电容器电极时,记作 ACFF。

纯活性碳毡和全碳复合电极的比表面积和孔结构信息通过氮气吸脱附测试进行表征;电学性能通过四探针测试仪进行测试;而扫描电子显微镜和透射电子显微镜则用于观察织物电极和碳纳米材料的微观形貌。

为表征织物电极的电化学性能,将其组装成对称型扣式超级电容器。其中,电解液为 6 mol/L 的 KOH 水溶液,电极直径为 1.5 cm。将组装好的超级电容器静置 12 h 后,再在电化学工作站上对其进行循环伏安测试和恒电流充放电测试。电极的面积比电容和对称型超级电容器的能量密度和功率密度等根据 2.3 节的相应公式计算。

3.3　柔性全碳织物电极的基本物性

3.3.1　柔性全碳织物电极的微观形貌

我们首先观察了原材料的微观形貌(图 3.2)。纯活性碳毡的扫描电镜图片如图 3.2(a)～(b)所示。活性碳毡由直径约为 8～13 μm 的活性碳纤维相互搭接构成,活性碳纤维表面布满有沟壑和孔洞,而活性碳纤维间的孔洞尺寸可达数十微米以上。活性碳毡表现出较强的吸水性和良好的机械柔性。根据测试,活性碳毡可以在数秒内吸附自身质量 13～16 倍的水,保证了全碳复合织物电极制备过程中碳纳米材料悬浊液能够充分进入活性碳毡内部,同时也保证了在超级电容器内部,电解液能够有效浸润织物电极。作为高比表面积的碳材料,活性碳毡在自然状态下会迅速吸附空气中的大量

水分,热重分析显示,其水分含量可达 30％左右(图 3.3)。图 3.2(c)～(d)
展示了碳纳米管和石墨烯的透射电镜图片。碳纳米管为多壁结构,不连续
的晶格条纹显示其表面缺陷较多、结晶性不高；使用的石墨烯实际上是作
为电池导电添加剂的工业产品,而非高品质的单层石墨烯。因此,在制备的
柔性活性碳毡/碳纳米材料全碳复合织物中,碳纳米材料主要作为导电填充
物,其自身电化学性能很低(这点将在下文中详细讨论)。

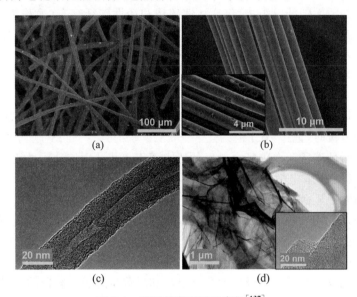

图 3.2　原材料微观形貌表征[137]

(a)纯活性碳毡和(b)单根活性碳纤维的扫描电镜图片；(b)中插图为活性碳纤维的表面
放大图；(c)碳纳米管和(d)石墨烯的透射电镜图片；(d)中插图为石墨烯纳米片边缘的高
倍透射电镜图

Adapted from Ref. 137 with permission from The Royal Society of Chemistry.

　　活性碳毡/碳纳米管和活性碳毡/石墨烯全碳复合织物的微观形貌如
图 3.4 所示。碳纳米管在 FC1,FC2 和 FC3 活性碳毡/碳纳米管复合织物
中的质量分数分别为 12.9％,19.5％和 28.7％,石墨烯在 FG 活性碳毡/石
墨烯复合织物中的质量分数为 2.1％。对于活性碳毡/碳纳米管复合织物,
随着引入的碳纳米管质量分数的增加,碳纳米管的团聚越来越明显。而对
于活性碳毡/石墨烯复合织物,石墨烯纳米片相互交叠成簇零散地分布在织
物内部空间。整体上,这些多尺度碳材料构成的全碳复合织物与纯活性碳
毡相比具有诸多相似性,如大孔结构、活性碳纤维构成的结构骨架和良好的

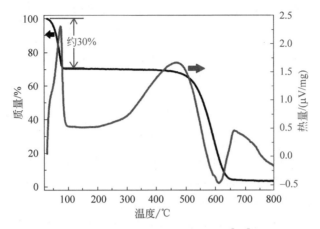

图 3.3　纯活性碳毡的热重曲线[137]

Adapted from Ref. 137 with permission from The Royal Society of Chemistry.

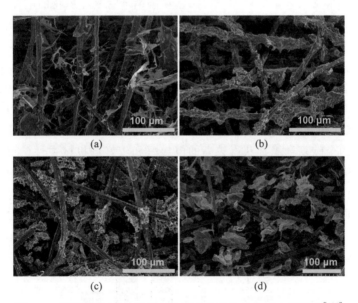

图 3.4　活性碳毡/碳纳米材料全碳复合织物的扫描电镜图片[137]

(a) FC1；(b) FC2；(c) FC3；(d) FG

Adapted from Ref. 137 with permission from The Royal Society of Chemistry.

机械柔性。值得一提的是,碳纳米管和石墨毡片层自身的柔韧性对于全碳复合织物电极也是至关重要的,因为其使复合织物电极在弯曲等变形过程中,碳纳米管和石墨烯能够紧密贴附在活性碳纤维表面,保证了其与碳纤维的有效接触,从而有利于电子在电极内部的快速传输[108]。相比之下,活性炭颗粒和大部分的金属氧化物/金属氢氧化物等自身为刚性材料,当其作为活性物质被引入柔性电极中时,在电极弯曲变形过程中容易与基底脱离,造成电极的电学和电化学性能急剧恶化[11]。

3.3.2　柔性全碳织物电极的电学性能

碳纳米管和石墨烯具有优异的电导率,这意味着活性碳毡/碳纳米管和活性碳毡/石墨烯复合织物内部分散于活性碳纤维之间的碳纳米管网络或团聚体以及石墨烯纳米片都可以形成大量的导电通道[138]。因此,碳纳米管和石墨烯的引入显著改善了活性碳毡基体材料的电学性能(图 3.5)。例如,在自然状态下,与纯活性碳毡相比,FC3 活性碳毡/碳纳米管和 FG 活性碳毡/石墨烯复合织物的电导率分别提升了 144% 和 38%。此外可以看到,随着碳纳米管引入量的增加,活性碳毡/碳纳米管复合织物的电导率呈递增趋势。应当说明的是,当全碳复合织物用作对称型扣式超级电容器电极时,其处于压缩状态,相当于增大了织物内部导电组分(碳纤维和碳纳米材料填充物)的体积分数,这样势必会使织物电极的导电性显著优于图 3.5 在自然蓬松状态下的测试值。此外,早期的研究已经证明[138-139],当碳纳米管水系悬浊液或石墨烯水系悬浊液被引入活性碳毡内部后,相比于直接加热干燥,冷冻干燥有助于碳纳米管和石墨烯更好地分散在整个织物内部,从而使干燥后的全碳复合织物获得较高的电导率和较好的机械柔性(直接加热干燥会使碳纳米管结块,引起织物硬化)。这是本实验采用冷冻干燥的最主要原因。但是也需要指出,一方面,冷冻干燥工艺比直接加热干燥工艺复杂;另一方面,如图 3.4(b)～(c)所示,即使采用冷冻干燥工艺也不能完全避免

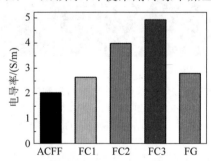

图 3.5　纯活性碳毡和活性碳毡/碳纳米材料全碳复合织物的电导率[137]

Adapted from Ref. 137 with permission from The Royal Society of Chemistry.

碳纳米材料在织物内部的团聚。

3.3.3　柔性全碳织物电极的比表面积和孔结构

　　除电导率外,电极材料的比表面积和孔结构对其电化学性能也有重要影响。表 3.1 给出了纯活性碳毡、活性碳毡/碳纳米管复合织物和活性碳毡/石墨烯复合织物的比表面积(S_{BET})、孔体积(V_p)和平均孔径(d)信息。直观上看,随着碳纳米材料的引入,活性碳毡的比表面积将会下降,且碳纳米管含量越高活性碳毡的比表面积下降幅度越明显。造成这种现象的原因主要有两点:①实验使用的碳纳米管($150\sim210$ m^2/g)和少层石墨烯纳米片材料自身的比表面积低于纯活性碳毡的比表面积(1528 m^2/g);②如图 3.6 所示,在全碳复合织物内部,一些活性碳纤维表面被碳纳米管和石墨烯纳米片所覆盖,使这部分纤维表面的孔成为闭孔,在氮气吸脱附测试中无法被检测到。经过简单的计算可知,第一种原因占主导。换言之,碳纳米管和石墨烯的引入对活性碳纤维自身比表面积的影响有限。引入碳纳米管和石墨烯前后,活性碳毡织物的孔结构变化趋势与比表面积不同。碳纳米管之间的相互缠绕将会产生大量的孔,从而使活性碳毡/碳纳米管复合织物的总孔体积显著增大[132]。但是当碳纳米管含量过高时,碳纳米管团聚严重,

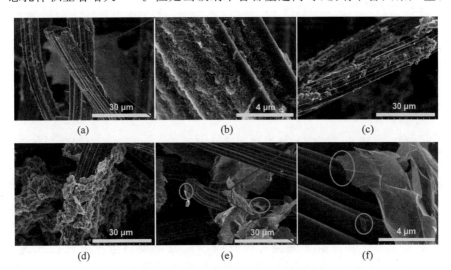

图 3.6　全碳复合织物在较高倍数下的扫描电镜图片[137]

(a)、(b) FC1；(c) FC2；(d) FC3；(e)、(f) FG

Adapted from Ref. 137 with permission from The Royal Society of Chemistry.

碳纳米管团聚体内部的诸多孔将成为闭孔而无法对测试得到的总孔体积数值产生影响。同时,如上所述,碳纳米管团聚体在一定程度上也会覆盖活性碳纤维表面的孔并引起孔体积测试值的下降。对于活性碳毡/石墨烯复合织物,引入的石墨烯含量相对较少,仅占织物总质量的 2.1%;伸展的石墨烯纳米片会覆盖活性碳纤维表面的部分孔、但几乎不会像缠绕的碳纳米管一样提供大量的新孔,因此,相比于纯活性碳毡,活性碳毡/石墨烯复合织物的总孔体积略有减小。按照上述分析,由于碳纳米管和石墨烯的引入导致活性碳纤维表面部分孔的"消失"或形成一部分"新孔",势必会引起织物内部平均孔径的改变。表 3.1 中关于平均孔径的实验结果也支持这一观点:碳纳米管和石墨烯的引入增大了平均孔径,且碳纳米管含量越高,平均孔径增大越明显。应当指出,虽然各织物电极的平均孔径有所差异,但仅从孔尺寸角度考虑,这些孔整体上都是允许 K^+ 和 OH^- 存储的(不会因为孔尺寸过小而导致离子无法进入孔通道内)。

表 3.1   纯活性碳毡和活性碳毡/碳纳米材料全碳复合织物的比表面积(S_{BET})、孔体积(V_p)和平均孔径(d)[137]

试 样	ACFF	FC1	FC2	FC3	FG
$S_{BET}/(m^2/g)$	1528	1401	1165	963	1361
$V_p/(cm^3/g)$	0.65	0.66	0.74	0.71	0.61
d/nm	1.73	1.88	2.53	2.95	1.80

Adapted from Ref. 137 with permission from The Royal Society of Chemistry.

3.4   柔性全碳织物电极的电化学性能

图 3.7 展示了不同织物电极组装成对称型扣式超级电容器的循环伏安曲线。对于以纯活性碳毡为电极的对称型超级电容器(简称为"纯活性碳毡超级电容器",其他电极和相应的超级电容器简称同此形式),循环伏安曲线只有在非常低的扫速下才表现出类矩形的形状,随着扫速的增加,循环伏安曲线变形严重。双电层电容器具有优异电化学性能的表现之一即循环伏安曲线呈矩形,因为矩形的循环伏安曲线代表电流对电压变化的快速响应[65,140-141];相反,在较高扫速下严重变形的循环伏安曲线往往是电极或器件电化学性能差的反映。基于此不难理解,纯活性碳毡超级电容器在高扫速下的电化学性能明显恶化,即倍率性能差。根据循环伏安曲线计算电极比电容的公式,纯活性碳毡电极在 2 mV/s 扫速下的面积比电容为 1562 mF/cm²

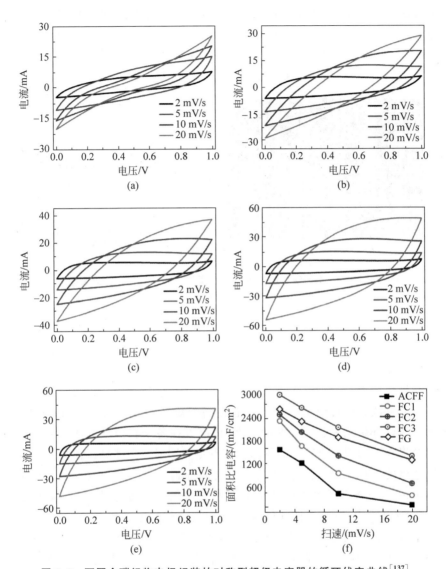

图 3.7　不同全碳织物电极组装的对称型超级电容器的循环伏安曲线[137]

（a）ACFF；（b）FC1；（c）FC2；（d）FC3；（e）FG；（f）电极在不同扫速下的面积比电容汇总

Adapted from Ref. 137 with permission from The Royal Society of Chemistry.

（换算成质量比电容为 92 F/g），这一数值与先前报道的碳材料改性的普通织物（如棉布和聚酯纤维织物，这些织物自身不具备电化学活性）电极的面积比电容相当[39,108]，并远高于未经活化的碳纤维织物的面积比电容（小于

10 mF/cm^2,如图 3.8),显示了将活性碳毡用作柔性超级电容器电极基底的巨大潜力。然而,较高的孔隙率和随之而来的较差的导电性使纯活性碳毡电极在高扫速下的面积比电容迅速衰减。例如,当扫速提高到 20 mV/s 时,纯活性碳毡电极的面积比电容仅为 163 mF/cm^2。

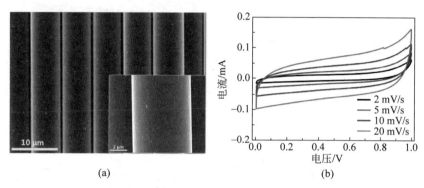

(a)   (b)

图 3.8   未经活化碳纤维织物的微观形貌和电化学行为表征

(a) 扫描电镜图,其中插图为单根纤维的表面形貌;(b) 循环伏安曲线

活性碳毡/碳纳米管和活性碳毡/石墨烯复合织物电极则展现出明显改善的面积比电容和倍率性能。对于一系列活性碳毡/碳纳米管复合织物电极组装成的对称型超级电容器,如图 3.7(b)~(d)所示,其循环伏安曲线倾向于形成矩形且最大电流值和曲线围绕区域面积均增大,表明碳纳米管的引入能够改善活性碳毡的电化学性能,并且随着活性碳毡/碳纳米管复合织物电极内部碳纳米管含量的增加,织物电极在各个扫速下的面积比电容值不断提高,这在 20 mV/s 的较高扫速下更为明显。上述分析在图 3.7(f)织物电极的面积比电容值-扫速关系曲线上得到了更为直观的反映。对于活性碳毡/石墨烯复合织物电极 FG,其各项物化特性指标(如电导率、比表面积等)大多介于 FC1 活性碳毡/碳纳米管复合织物电极和 FC3 活性碳毡/碳纳米管复合织物电极之间。实际上,活性碳毡/石墨烯复合织物电极在各个扫速下测得的面积比电容也有类似的表现。考虑活性碳毡/石墨烯复合织物电极中的石墨烯含量(2.1%)远低于活性碳毡/碳纳米管复合织物电极中的碳纳米管含量(12.9%~28.7%),因此从一定意义上说,在改善活性碳毡电化学性能方面,石墨烯的表现要优于碳纳米管。

纯活性碳毡织物电极和全碳复合织物电极的电化学性能进一步通过恒电流充放电测试进行了表征,结果如图 3.9 所示。织物电极组装成的超级电容器显示出倒 V 形的恒电流充放电曲线,充电曲线与放电曲线均具有较

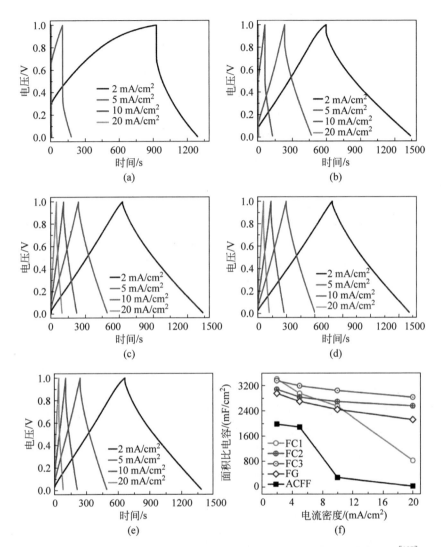

图 3.9　不同全碳织物电极组装的对称型超级电容器的恒电流充放电测试[137]

（a）ACFF；（b）FC1；（c）FC2；（d）FC3；（e）FG；（f）电极在不同电流密度下的面积比电容汇总

Adapted from Ref. 137 with permission from The Royal Society of Chemistry.

好的线性，表明织物电极存储能量主要通过双电层电容。相比于纯活性碳毡织物电极，碳纳米管和石墨烯的引入使相应的恒电流充放电曲线对称性更好、电压降更小、放电时间更长。值得一提的是，电压降被认为能够直观地反映超级电容器内部阻抗的大小，并可根据其计算出体系的等效串联电阻（equivalent series resistance，ESR）[19,39,48,142]。FC1，FC2，FC3 和 FG 超级电容器在 5 mA/cm^2 充放电电流密度下的等效串联电阻分别为 14 Ω·cm^2，5 Ω·cm^2，5 Ω·cm^2 和 6 Ω·cm^2。由于等效串联电阻值是由电极电阻、电解液体电阻和电极-电解液界面阻抗所决定的，活性碳毡/碳纳米管复合织物电极和活性碳毡/石墨烯复合织物电极显著提高的电学性能是相应超级电容器具有较小等效串联电阻值的重要原因之一。此外，碳纳米管和石墨稀分布在活性碳纤维的表面和纤维之间，对离子扩散和电极-电解液界面阻抗也会产生一定影响。

　　基于恒电流充放电曲线计算的图 3.9(f)织物电极比电容与基于循环伏安曲线计算的结果具有整体一致的变化趋势。在低的充放电电流密度下，所有碳纳米材料改性的活性碳毡织物电极都显示出很高的面积比电容。其中，FC3 活性碳毡/碳纳米管复合织物电极在 2 mA/cm^2 电流密度下的面积比电容为 3352 mF/cm^2。在高的电流密度下，织物电极的面积比电容表现出不同程度的下降。对于 FC1 活性碳毡/碳纳米管复合织物电极，其在 20 mA/cm^2 充放电电流密度下测得的面积比电容值仅为其在 2 mA/cm^2 电流密度下测得值的 24%，略优于纯活性碳毡电极的表现（保持率接近 0）。与之截然不同的是，FC2 和 FC3 活性碳毡/碳纳米管复合织物电极在 20 mA/cm^2 电流密度下的面积比电容保持率分别高达 83% 和 84%，即使对于 FG 活性碳毡/石墨烯复合织物电极，比电容保持率也达到了 72%。实际上，超级电容器的倍率性能与其内部阻抗显著相关，较高的内部阻抗总是对应着较差的倍率性能[39,48,143]。从这点来看，由于 FC2 和 FC3 活性碳毡/碳纳米管复合织物电极组装成的超级电容器和 FG 活性碳毡/石墨烯复合织物电极组装成的超级电容器具有较小的内部阻抗，其大电流密度下的电容保持率较高（倍率性能好）。

　　总之，基于活性碳毡制备的柔性全碳复合织物电极在 20 mA/cm^2 充放电电流密度下测得的最大面积比电容超过 2800 mF/cm^2，比微型电极的面积比电容高数十倍至数百倍[41,47-48]；即使与先前报道的碳材料改性的 3D 多孔电极相比，此处活性碳毡/碳纳米管复合织物电极也展现出了高得多的面积比电容和质量比电容[39,108]。

　　图 3.10 展示了不同织物电极组装的对称型扣式超级电容器的能量密度-功率密度图。如在上文反复提到的，对于柔性电极和柔性储能器件，面积比电容、面积比能量等是重要的指标，因此本书主要讨论柔性电极的面积比电容和面积比能量等指标。但为了更全面地评估织物电极的电化学性

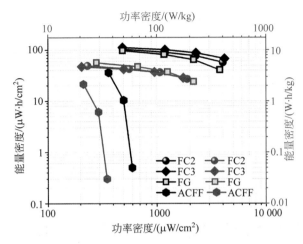

图 3.10　不同织物电极组装的对称型超级电容器的能量密度-功率密度图[137]

Adapted from Ref. 137 with permission from The Royal Society of Chemistry.

能,在图 3.10 中同时给出了面积比能量-面积比功率和质量比能量-质量比功率的数据。对于纯活性碳毡组装的对称型超级电容器,当其功率密度由 363 μW/cm^2 增加至 598 μW/cm^2 时,能量密度从 36.3 μW·h/cm^2 迅速衰减至 0.5 μW·h/cm^2。FC2 和 FC3 活性碳毡/碳纳米管复合织物电极和 FG 活性碳毡/石墨烯复合织物电极组装的对称型超级电容器则显示出很高的面积比能量。如 FC3 活性碳毡/碳纳米管复合织物电极组装的对称型超级电容器,最高面积比能量可达 112 μW·h/cm^2(此时的功率密度为 490 μW/cm^2),即使当功率密度达到 4155 μW/cm^2 时,仍可输出 68 μW·h/cm^2 的能量。这一性能优于目前报道的绝大部分柔性超级电容器和柔性电极。

　　循环寿命是储能器件的重要性能之一。如图 3.11 所示,在经过 5 mA/cm^2 电流密度下 100 次循环充放电的测试后,纯活性碳毡比电容保持率约为 85%。然而,对于全碳复合织物电极,尤其是 FC2 和 FC3 活性碳毡/碳纳米管织物电极,比电容损失很小。考虑 FC2 和 FC3 活性碳纳米管织物电极在 100 次循环充放电过程中具有很好的稳定性,进一步增加了循环充放电次数,如图 3.12 所示。即使再经过 1000 次循环,FC2 和 FC3 活性碳毡/碳纳米管织物电极仍未发现明显的比电容衰减,再一次证明了其优异的循环稳定性。

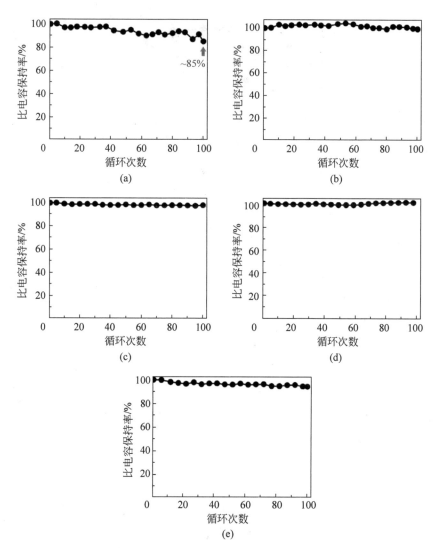

图 3.11 不同织物电极组装的对称型超级电容器的循环稳定性测试[137]

（a）ACFF；（b）FC1；（c）FC2；（d）FC3；（e）FG

Adapted from Ref. 137 with permission from The Royal Society of Chemistry.

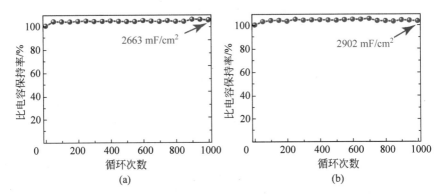

图 3.12 FC2 和 FC3 活性碳毡/碳纳米管复合织物电极组装的对称型超级电容器长循环稳定性测试[137]

(a) FC2；(b) FC3

Adapted from Ref. 137 with permission from The Royal Society of Chemistry.

3.5 柔性全碳织物电极内部多尺度碳材料间的功能协同作用讨论

单壁或少壁碳纳米管、功能化碳纳米管或是超薄碳纳米管薄膜由于具有较高的比表面积和/或丰富的化学基团,电化学性能优异,其质量比电容最高可超过 150 F/g[23,65,141,144]。而比表面积不高的多壁碳纳米管,其质量比电容要低得多[145-147]。例如,Pan 等人测试了商品化的多壁碳纳米管粉末[147],发现其比电容仅为 17 F/g。在本章制备的活性碳毡/碳纳米管复合织物电极中,碳纳米管为低品质的多壁碳纳米管且主要是以团聚体的形式分布于电极内部,因此这部分碳纳米管贡献的比电容非常低(在第 6 章的实验里直接测试了这些碳纳米管的电化学性能,发现其比电容只有 26 F/g)。同时,考虑碳纳米管占整个复合织物的质量分数不足 29%,可以得知碳纳米管自身的比电容对复合织物电极整体的比电容贡献很小。相似地,制备的活性碳毡/石墨烯复合织物电极与纯活性碳毡相比具有显著提高的面积比电容,但并不可归因于石墨烯本身具有强的电荷存储能力,因为引入的石墨烯只占活性碳毡/石墨烯复合织物质量的 2.1%,并且对于品质不高的石墨烯(如本实验中使用的),比电容远小于 150 F/g[23,148-149]。

基于上述分析可以看出,全碳复合织物电极优异的电化学性能并不是活性碳毡基底超电容性能和碳纳米材料填充物超电容性能简单相加产生的,而是应当归因于微米级的活性碳纤维与纳米级碳材料填充物在功能上的协同作用:活性碳毡具有高的比表面积和合适的孔结构,然而电学性能差;高导电碳纳米材料被引入后,分布在微米级的活性碳纤维之间并将其连接起来,提升了活性碳毡的电导率;这样一来,活性碳毡/碳纳米材料微纳多尺度碳材料构成的电化学体系就具备了高性能双电层电容器应当满足的三个基本要素(高比表面积、合适的孔结构、高电导率),因而表现出较为优异的电化学性能。这一概念的直观表达如图 3.13 所示。

图 3.13   柔性全碳织物电极内部多尺度碳材料间的功能协同机制示意图[137]

Adapted from Ref. 137 with permission from The Royal Society of Chemistry.

3.6   基于柔性全碳织物电极组装的卷绕式超级电容器

良好的机械柔性和电化学性能使活性碳毡/碳纳米材料全碳复合织物电极有望用于柔性/可穿戴的电子设备,然而活性碳毡基的复合织物电极为轻质材料,意味着这些电极和组装成的储能器件在存放和使用过程中将占据较大空间,因此评估这些织物电极的可压缩性具有重要意义。手工将两片 FC3 活性碳毡/碳纳米管复合织物电极、无尘纸隔膜、不锈钢箔集流体、胶带(作为封装外壳)按照对称型超级电容器的构造摆放并进行致密卷绕,得到卷绕式柔性超级电容器(图 3.14)。相比于卷绕前,整个器件的体积缩小 64%~77%。在 2 mA/cm^2 的恒电流充放电电流密度下,该卷绕式超级电容器内单电极面积比电容为 2700 mF/cm^2。这一数值高于很多早先报道的双电层电容器,但低于 FC3 活性碳毡/碳纳米管复合织物电极在对称型扣式超级电容器下的面积比电容测试值(图 3.9)。这可能与手工制备卷绕式超级电容器工艺有关(如封装效果不够理想等),工业化设备有望解决这一手工问题从而批量化制备全碳复合织物电极基的高性能、便携式超级电容器。

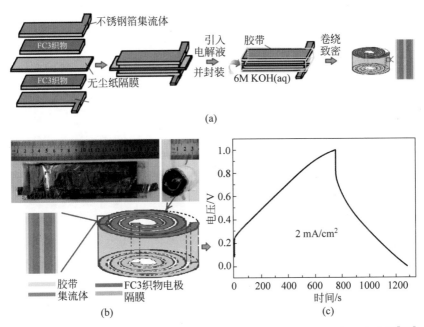

图 3.14　利用 FC3 活性碳毡/碳纳米管复合织物电极制备卷绕式超级电容器[137]

(a) 制备流程示意图；(b) 实物图；(c) 恒电流充放电曲线

Adapted from Ref. 137 with permission from The Royal Society of Chemistry.

3.7　本 章 小 结

本章研究了柔性活性碳毡的基本物性和电化学性能,并以活性碳毡为基底制备了活性碳毡/碳纳米管全碳复合织物电极和活性碳毡/石墨烯全碳复合织物电极,讨论了碳纳米材料的引入对复合织物电极微观形貌、电学性能、机械柔性、比表面积和孔结构以及电化学行为的影响,得到以下结论:

(1) 活性碳毡具有较高的比表面积、发达的孔结构和良好的机械柔性,面积比电容为 1977 mF/cm² (2 mA/cm²),能够用作柔性超级电容器电极的活性基底,但活性碳毡电导率低,因而倍率性能差。

　　(2) 制备的活性碳毡/碳纳米材料全碳复合织物电极内部存在多尺度碳材料间的功能协同作用,显著提高了织物电极的电导率、面积比电容(最高可达 3352 mF/cm^2)、倍率性能和循环稳定性。

　　(3) 基于柔性活性碳毡/碳纳米管全碳复合织物电极制备的卷绕式超级电容器电极面积比电容可达 2700 mF/cm^2,有望用于便携式/可穿戴电子设备。

第4章 基于活性碳纤维/碳纳米管/二氧化锰复合材料同步制备柔性织物电极和纤维电极

4.1 引　言

柔性超级电容器电极包括柔性基底和电化学活性物质两部分,前者在柔性电极中占据着较高的质量分数或体积分数,但其电化学活性往往很差、甚至不具备电化学活性。虽然引入的电化学活性物质具有较高的电化学性能、但负载量一般较低,导致整个柔性电极的比电容和能量密度不高[137]。第3章的内容里讨论了将活性碳毡用作柔性电极基底的可能性并制备了活性碳毡/碳纳米材料全碳复合织物电极,证明可以利用活性碳纤维织物这样的活性基底提升柔性电极的面积比电容和面积比能量。然而,由于活性碳毡孔隙率高、导电性差,即使引入碳纳米管和石墨烯,得到的复合织物电极的电导率整体也处于较低的水平(不足 0.1 S/cm),所以在高扫速(大于 20 mV/s)或大电流密度(超过 20 mA/cm^2)下的电化学性能仍不理想。因此,研究具有更优异电化学活性的柔性基底是必要的。

对于在第3章制备的活性碳毡/碳纳米管和活性碳毡/石墨烯柔性全碳复合织物电极,能量存储依靠碳材料的双电层电容,即电解液中离子在碳材料表面的静电吸附过程。众所周知,双电层电容材料的质量比电容等远不及赝电容材料,后者主要依靠快速而可逆地氧化还原反应来存储能量[4,13]。由此推测,如果能够在柔性全碳复合织物电极内引入高性能的赝电容材料,电极储能密度有望进一步提升。但赝电容材料的沉积方式、微观形貌控制、负载量等都需要予以研究才可能获得高性能的柔性超级电容器电极。

柔性纤维电极和柔性织物电极是两种典型构造的柔性超级电容器电极[8-9,13]。柔性纤维电极一般适用于微型电子器件,如果能够借助于纺织工艺将纤维电极作为"纱线"织成织物电极[15,28,46,60,150],就拓宽了柔性纤维电极的应用领域,但将纤维电极直接纺织成织物电极还很困难,因为目前还无法制造出长度足够长、强度足够大、成本足够低的柔性纤维电极"纱线";反之,直接从大尺寸柔性织物电极制备微型柔性纤维电极的研究也尚未见报道,主要原因是对于一般织物电极,当其被裁剪成微米级(或近微米级)尺寸时,内部结构将发生破坏。这导致我们必须借助不同的方法、不同的设备和不同的流程分别制备柔性纤维电极和柔性织物电极,潜在地抬高了柔性超级电容器产品的生产成本(从工业生产角度讲)。不难理解,如果能够利用单一工艺实现柔性纤维电极和柔性织物电极的同步制备将会使柔性超级电容器的生产及应用更加简单、成本更低。此外,由于纤维电极的小尺寸特点,其大规模制备还富有挑战,基于简单方法和低成本材料实现柔性纤维电极的批量化制备具有重要意义。

在本章的研究中,我们选择柔性的活性碳纤维布(简称为"活性碳布",记作 ACFC;其电学和电化学性能远优于活性碳毡,具体分析见下文)作为活性基底制备了活性碳布/碳纳米管全碳复合织物、活性碳布/二氧化锰纳米片复合织物和活性碳布/二氧化锰纳米片/碳纳米管复合织物。这些织物不仅可以直接作为柔性织物超级电容器电极,也能够相对容易地拆解成纤维束以作为柔性的微型纤维电极,因此,提出了一种同步制备高性能柔性织物电极和柔性纤维电极的策略。活性碳布相对较高的电化学活性、碳纳米管突出的电学性能和二氧化锰纳米片超高的理论比电容赋予了活性碳布/二氧化锰纳米片/碳纳米管复合织物电极以优异的电化学性能:织物电极的面积比电容为 2542 mF/cm^2,能量密度为 56.9 μW · h/cm^2,功率密度达 16 287 μW/cm^2。活性碳布/二氧化锰纳米片/碳纳米管复合织物电极高的电导率和多孔结构使我们可以通过叠层方法制备出面积比能量达到 88.5 μW · h/cm^2 的厚织物电极。此外,由活性碳布/二氧化锰纳米片/碳纳米管复合织物拆解得到的纤维电极也展现出较好的电化学性能:纤维电极面积比电容、能量密度和功率密度分别为 640 mF/cm^2,11.1 μW · h/cm^2 和 8028 μW/cm^2,明显高于先前报道的微型电极的性能。进一步的测试表明,上述织物电极和纤维电极具有良好的循环稳定性和机械柔性。本章提出的基于简单方法和廉价原材料同步制备高性能柔性织物电极和柔性纤维电极的策略为微型电极和储能器件的批量化制备提供了新的思路,有望促进柔性储能器件的商用化。

4.2　试样制备与表征方法

活性碳布/碳纳米管全碳复合织物是通过"浸渍-干燥方法"制备的：将活性碳布浸渍到碳纳米管水系悬浊液中,充分浸渍后取出并进行冷冻干燥。制备的活性碳布/碳纳米管全碳复合织物记作 FxC,其中 x% 为使用的碳纳米管水系悬浊液中碳纳米管的质量分数。当使用的碳纳米管水系悬浊液的质量分数为 0.5%～3.0% 时,制备的活性碳布/碳纳米管全碳复合织物中的碳纳米管质量含量为 0.8%～13.0%。

活性碳布/二氧化锰纳米片复合织物的制备是基于高锰酸钾与碳材料之间的氧化还原反应(式(4.1))：将活性碳布浸渍到充分过量的 0.1 mol/L 的高锰酸钾水溶液中反应一定时间后取出,用去离子水反复浸泡洗去活性碳布内残留的高锰酸钾溶液并于空气中 80℃ 下烘干。二氧化锰的沉积量通过控制活性碳布在高锰酸钾溶液中的反应时间进行调控。制备的活性碳布/二氧化锰复合织物电极记作 FyM,其中,y(min)为反应时间(如当反应时间为 2 min 时,得到的活性碳布/二氧化锰复合织物电极记作 F2M)。

$$4MnO_4^- + 3C + H_2O \longrightarrow 4MnO_2 + CO_3^{2-} + 2HCO_3^- \qquad (4.1)$$

为提高活性碳布/二氧化锰复合织物的导电性,我们制备了碳纳米管改性的活性碳布/二氧化锰复合织物材料：将 F2M 活性碳布/二氧化锰复合织物浸渍碳纳米管水系悬浊液并冷冻干燥。制备的活性碳布/二氧化锰/碳纳米管复合织物记作 F2MxC,其中 x% 为使用的碳纳米管水系悬浊液的质量分数(与 FxC 活性碳布/碳纳米管全碳复合织物中"x"的含义相同)。

纯活性碳纤维构成的柔性纤维电极是从纯活性碳布上拆解得到的纤维束(记作 ACFB)；活性碳纤维/二氧化锰/碳纳米管构成的柔性纤维电极是从 F2M2C 活性碳纤维/二氧化锰/碳纳米管复合织物电极上拆解得到的纤维束(记作 ACFB/MnO$_2$/CNT)。

扫描电子显微镜、比表面积分析仪、四探针测试仪等用于表征试样的微观结构和电学性能。为研究织物电极和纤维电极的电化学行为,我们将其组装成对称型超级电容器(图 4.1),其中电解液为 6 mol/L 的 KOH 水溶液。循环伏安测试、恒电流充放电测试和交流阻抗谱测试在电化学工作站上进行。电极的面积比电容和对称型超级电容器的能量密度和功率密度等根据 2.3 节的相应公式计算。

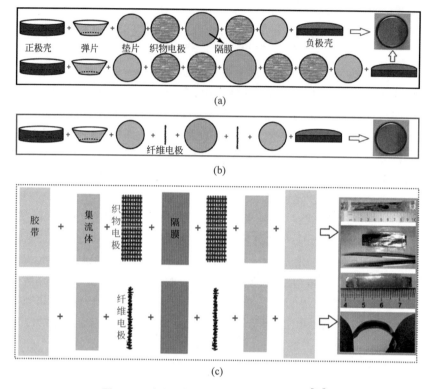

图 4.1   对称型超级电容器的组装示意图[51]
（a）织物电极基的扣式超级电容器；（b）纤维电极基的扣式超级电容器；（c）柔性超级电容器
Adapted from Ref. 51 with permission from Wiley-VCH.

4.3   柔性复合织物电极的基本物性与电化学性能研究

4.3.1   活性碳布/碳纳米管全碳复合织物的基本物性与电化学
性能

　　纯活性碳布的扫描电镜图片如图 4.2(a)～(b)所示，其由活性碳纤维
束构成，而碳纤维束则包含上千根相互缠绕的活性碳纤维单丝。单根碳纤
维具有良好的机械柔性和强度，这就赋予活性碳布和活性碳纤维束一定的
强度和柔性。因此，如图 4.2(c)～(e)所示，活性碳布和以活性碳布为活性
基底制备的活性碳布/碳纳米管全碳复合织物与活性碳布/二氧化锰/碳纳
米管复合织物可被弯曲、卷绕，单根纤维束亦能够弯曲、打结或是简单搭接

成织物状结构。实际上,图 4.2(e)展示的纤维束为直接从活性碳布和复合
织物上拆解而来的。这为同步制备柔性织物电极和纤维电极提供了可能。

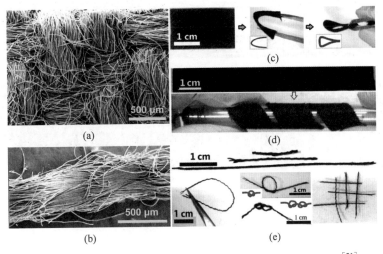

图 4.2　活性碳布织物和活性碳纤维束的微观形貌与柔性展示[51]
(a)纯活性碳布和(b)活性碳纤维束的扫描电镜图片;基于活性碳布制备的织物电极可以(c)弯曲
和(d)缠绕;(e)从织物电极拆解得到的纤维电极可以弯曲、打结和手工搭接成简易织物状结构
Adapted from Ref. 51 with permission from Wiley-VCH.

　　活性碳布/碳纳米管全碳复合织物的微观形貌如图 4.3 所示。在织物
内部,部分碳纳米管包覆在活性碳纤维表面,其余碳纳米管则无序地分布在
活性碳纤维之间的区域。制备活性碳布/碳纳米管全碳复合织物时使用的
碳纳米管水系悬浊液的质量分数越高,复合织物中引入的碳纳米管含量则
越高。碳纳米管将活性碳纤维连接起来构成微米-纳米多尺度碳 3D 导电网
络,从而改善了活性碳布的电学性能,如图 4.4 所示。碳纳米管含量越高,
对活性碳布/碳纳米管全碳复合织物电导率的提升越明显。值得一提的是,
纯活性碳布的电导率约为 21 S/cm,比活性碳毡的电导率高 2～3 个数量
级,这是由于纯活性碳布的基本组成单元是导电性能优异的连续长纤维,而
活性碳毡的基本组成单元为短切纤维、纤维与纤维之间无搭接(几乎无法传
递电子)或是不稳固的物理接触(伴随着大的接触电阻)。此外,活性碳布中
碳纤维的体积分数远高于活性碳毡。引入碳纳米管后,活性碳布基全碳复
合织物的电导率提高至 22～33 S/cm。高的导电性是电极具有优异倍率性
能的重要因素之一。

　　当活性碳布/碳纳米管织物用作双电层电容器电极时,其比表面积和孔

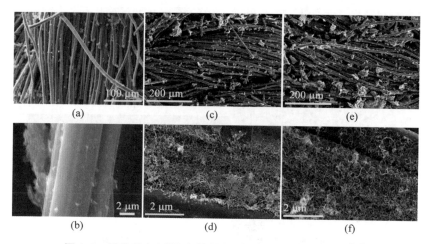

图 4.3   活性碳布/碳纳米管全碳复合织物的扫描电镜图[51]

(a),(b) F0.5C；(c),(d) F2C；(e),(f) F3C。其中(b)、(d)和(f)为单根碳纤维表面碳纳
米管的分布形貌

Adapted from Ref. 51 with permission from Wiley-VCH.

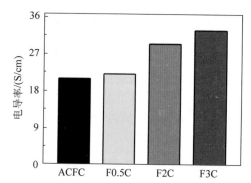

图 4.4   纯活性碳布和活性碳布/碳纳米管全碳复合织物的电学性能[51]

Adapted from Ref. 51 with permission from Wiley-VCH.

结构同导电性一样对电化学性能有着重要影响[110-111,137,151]。纯活性碳布
的比表面积为 904 m^2/g(表 4.1)。引入碳纳米管后,活性碳布/碳纳米管全
碳复合织物的比表面积有所下降,且碳纳米管含量越高,复合织物的比表面
积下降越明显。在第 3 章关于活性碳毡/碳纳米管比表面积的讨论中已经
指出,使用的碳纳米管比表面积(150~210 m^2/g)远小于活性碳纤维(活性
碳毡的比表面积为 1528 m^2/g;此处活性碳布的比表面积为 904 m^2/g),是
引起活性碳纤维织物/碳纳米管复合材料比表面积下降的最主要原因。碳

纳米管相互缠绕形成的孔在一定程度上改变了活性碳布/碳纳米管复合织物的总孔体积和平均孔径。但从织物的氮气吸脱附曲线和孔径分布曲线上看(图 4.5),纯活性碳布和活性碳布/碳纳米管复合织物整体具有相似的孔结构。

表 4.1　纯活性碳布和活性碳布/碳纳米管全碳复合织物的比表面积(S_{BET})、孔体积(V_p)和平均孔径(d)[51]

试　　样	ACFC	F0.5C	F2C	F3C
$S_{BET}/(m^2/g)$	904	891	795	758
$V_p/(cm^3/g)$	0.115	0.114	0.119	0.132
d/nm	3.04	3.14	3.28	3.69

Adapted from Ref. 51 with permission from Wiley-VCH.

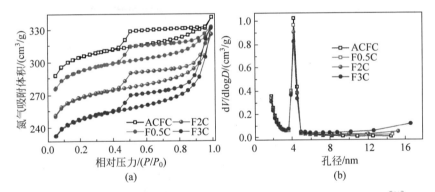

图 4.5　纯活性碳布和活性碳布/碳纳米管全碳复合织物的孔结构分析[51]

(a) 氮气吸脱附曲线;(b) 孔径分布曲线

Adapted from Ref. 51 with permission from Wiley-VCH.

图 4.6 给出了纯活性碳布和活性碳布/碳纳米管全碳复合织物电极组装的对称型扣式超级电容器的循环伏安曲线。在低扫速下,循环伏安曲线具有较好的矩形;但在 100 mV/s 的高扫速下,纯活性碳布电极组装的对称型超级电容器(简称为"纯活性碳布超级电容器",其他电极组装的对称型超级电容器简称同此形式)的循环伏安曲线极化严重且围绕成的闭合区域面积较小,说明纯活性碳布电极倍率性能较差[110];而对于碳纳米管改性的活性碳布织物电极,对应循环伏安曲线围成的闭合区域面积明显变大,表明电极在高扫速下的电容性能得到了改善。活性碳布和活性碳布/碳纳米管全碳复合织物电极在不同扫速下的面积比电容值汇总于图 4.6(e)。在

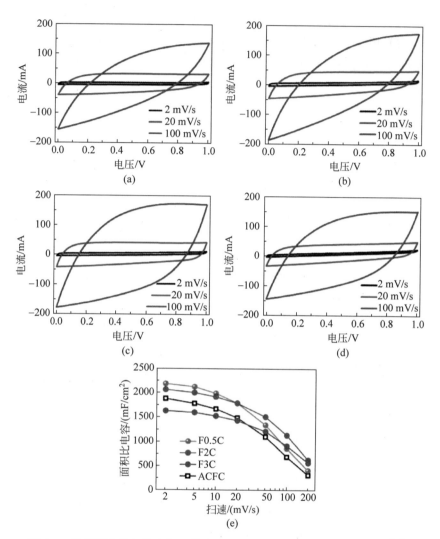

图 4.6　活性碳布基织物电极组装的对称型超级电容器的循环伏安测试[51]

(a) ACFF；(b) F0.5C；(c) F2C；(d) F3C；(e) 上述织物电极在不同扫速下的面积比电容汇总

Adapted from Ref. 51 with permission from Wiley-VCH.

2 mV/s 的扫速下,纯活性碳布和 F0.5C,F2C,F3C 活性碳布/碳纳米管全碳复合织物电极的面积比电容分别为 1881 mF/cm^2,2189 mF/cm^2,2068 mF/cm^2 和 1631 mF/cm^2。随着扫速的增大,所有织物电极的面积比电容逐渐减小,但不同电极面积比电容减小的趋势各不相同,这反映了各织物电极自身的倍率性能[150,152]。得益于高的电导率[137],F2C 和 F3C 活性碳布/碳纳米管全碳复合织物电极展现出较好的倍率性能：在 100 mV/s 扫速下,两电极的面积比电容值仍分别达到了 1135 mF/cm^2 和 915 mF/cm^2,而活性碳布电极的这一数值仅为 685 mF/cm^2。注意到,在相对较低的扫速下,F0.5C 活性碳布/碳纳米管全碳复合织物电极显示出最高的面积比电容值,这与其大的比表面积、合适的孔结构和被改善的电学性能有关;F3C 活性碳布/碳纳米管全碳复合织物电极虽然具有最佳的导电性能,但其比表面积相对较低,最终导致面积比电容不理想;F2C 活性碳布/碳纳米管全碳复合织物电极的电导率、比表面积以及在较低扫速下的面积比电容都介于 F0.5C 和 F3C 之间。

应当指出,与第 3 章研究的活性碳毡和活性碳毡/碳纳米材料复合织物电极相比,活性碳布和活性碳布/碳纳米管全碳复合织物电极倍率性能和在较高扫速下的面积比电容要显著优于前者,同时考虑活性碳布具有的良好机械柔性,可以认为活性碳布是一种性能更加优异的柔性电极活性基底。通过利用碳纳米材料改善活性碳布的电学性能、并在活性碳布/碳纳米材料复合织物电极内进一步负载高性能的电化学活性物质,有望制备出具有面积比电容高、倍率性能好、储能密度大等一系列优点的柔性超级电容器电极。因此在本章随后的内容里,将二氧化锰引入活性碳布/碳纳米管织物体系中。

4.3.2　活性碳布/二氧化锰/碳纳米管复合织物的基本物性与电化学性能

活性碳布/二氧化锰复合织物和活性碳布/二氧化锰/碳纳米管复合织物的微观形貌如图 4.7 所示。在 F2M 活性碳布/二氧化锰复合织物中,能清晰地观察到活性碳纤维表面包裹的二氧化锰纳米片(形状不规则),二氧化锰的负载量达到 2.0 mg/cm^2。尽管二氧化锰负载量相对较高,但得益于活性碳布这种 3D 多孔结构和活性碳纤维较高的比表面积,二氧化锰在织物电极内部整体处于均匀分布状态。EDS 分析表明了 C,Mn,O 元素的存在;Mn 2p 能级特征峰的精细扫描 XPS 图谱显示 Mn 2p3/2 和 Mn 2p1/2 中心峰位分别为 642.3 eV 和 654.1 eV,自旋能位差为 11.8 eV,与文献报道的 MnO_2 一致[153-156]。二氧化锰由活性碳纤维与高锰酸钾水溶液直接反应生成,因此和活性碳纤维之间的结合作用强,有利于电化学储能过程中电子在活性碳纤维和二氧化锰之间的传递。由于二氧化锰导电性差,其引入使活性碳布/二氧化锰复合织物的电导率降低至 9～15 S/cm(图 4.8)。同

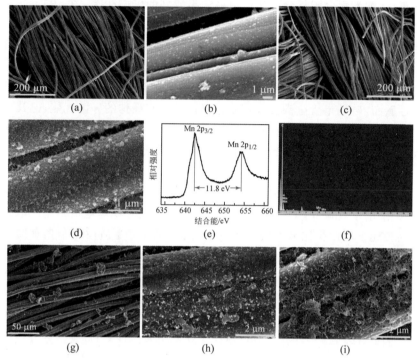

图 4.7   活性碳布/二氧化锰与活性碳布/二氧化锰/碳纳米管复合织物的基本物化属性[51]

(a),(b) F1M 活性碳布/二氧化锰复合织物的扫描电镜图片。(c),(d) F2M 活性碳布/二氧化锰复合织物的扫描电镜图片；(e) XPS 分析；(f) EDS 表征。(g)～(i) F2M2C 活性碳布/二氧化锰/碳纳米管复合织物的扫描电镜图片

Adapted from Ref. 51 with permission from Wiley-VCH.

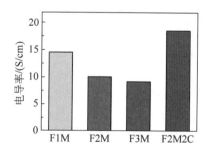

图 4.8   活性碳布/二氧化锰和活性碳布/二氧化锰/碳纳米管复合织物的电学性能[51]

Adapted from Ref. 51 with permission from Wiley-VCH.

时,二氧化锰包裹在活性碳纤维表面,会导致纤维表面的部分孔被覆盖,造成活性碳布/二氧化锰复合织物的比表面积和孔体积的减小(表4.2和图4.9),这种现象在二氧化锰含量较高时更为明显。

表4.2　纯活性碳布、活性碳布/二氧化锰和活性碳布/二氧化锰/碳纳米管复合织物的比表面积(S_{BET})、孔体积(V_p)和平均孔径(d)[51]

试　　样	F1M	F2M	F3M	F2M2C
$S_{BET}/(m^2/g)$	849	830	778	721
$V_p/(cm^3/g)$	0.086	0.085	0.085	0.093
d/nm	2.84	2.83	2.81	3.12

Adapted from Ref. 51 with permission from Wiley-VCH.

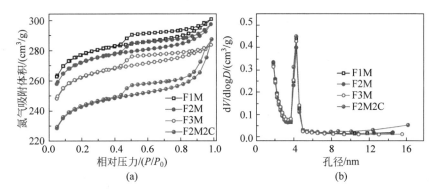

图4.9　活性碳布/二氧化锰和活性碳布/二氧化锰/碳纳米管复合织物的孔结构分析[51]
(a) 氮气吸脱附曲线;(b) 孔径分布曲线
Adapted from Ref. 51 with permission from Wiley-VCH.

为改善活性碳布/二氧化锰复合织物的导电性,将碳纳米管引入F2M活性碳布/二氧化锰复合织物中。以F2M2C活性碳布/二氧化锰/碳纳米管复合织物为例,从图4.7(g)~(i)的扫描电镜图片可看出,引入的碳纳米管零散地分布在织物内部,活性碳纤维表面沉积的二氧化锰纳米片被碳纳米管网络所覆盖(碳纳米管的分布并非完全均匀,因此活性碳纤维表面不同位置处的碳纳米管网络疏密程度有所差异)。碳纳米管的引入将F2M活性碳布/二氧化锰复合织物电导率提升了86%(图4.8),达到19 S/cm;同时,如图4.8和表4.2所示,引入碳纳米管后的织物仍具有较高的比表面积(721 m^2/g)。

活性碳布/二氧化锰复合织物电极的循环伏安测试结果如图4.10所示。与纯活性碳布电极相比,二氧化锰的存在提高了F1M和F2M活性碳

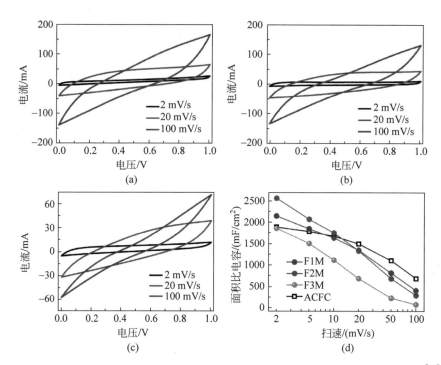

图 4.10   活性碳布/二氧化锰复合织物电极组装的对称型超级电容器的循环伏安测试[51]
(a) F1M；(b) F2M；(c) F3M；(d) 上述织物电极和纯活性碳布电极在不同扫速下的面积比电容汇总
Adapted from Ref. 51 with permission from Wiley-VCH.

布/二氧化锰复合织物电极在低扫速下的面积比电容,这得益于二氧化锰高
的赝电容[50,110]。例如,在 2 mV/s 的扫速下,F2M 活性碳布/二氧化锰复
合织物电极比电容为 2557 mF/cm^2,比纯活性碳布电极高 36%。然而,二
氧化锰的引入导致 F1M 和 F2M 活性碳布/二氧化锰复合织物电极导电性
变差,从而对电极倍率性能产生负面影响:在 100 mV/s 扫速下,F2M 活性
碳布/二氧化锰复合织物电极比电容严重衰减至 295 mF/cm^2。F3M 活性
碳布/二氧化锰复合织物电极具有最高的二氧化锰负载量、最低的电导率和
最小的比表面积,所以其在各个扫速下的面积比电容值都是最低的。

利用碳纳米管改善 F2M 活性碳布/二氧化锰复合织物电极的电学性能
后,发现 F2M2C 和 F2M3C 活性碳布/二氧化锰/碳纳米管复合织物电极在
保持高面积比电容的同时,倍率性能得到显著提高。如图 4.11 所示,在
100 mV/s 的扫速下,F2M2C 活性碳布/二氧化锰/碳纳米管复合织物电极
的面积比电容比 F2M 活性碳布/二氧化锰复合织物电极提高近 300%。对

于碳纳米管含量较高的 F2M3C 活性碳布/二氧化锰/碳纳米管复合织物电极,其电化学性能与 F2M2C 电极差别不大,可能是因为虽然高碳纳米管含量有利于提高织物电极的电学性能,但同时会引起电极比表面积的下降。

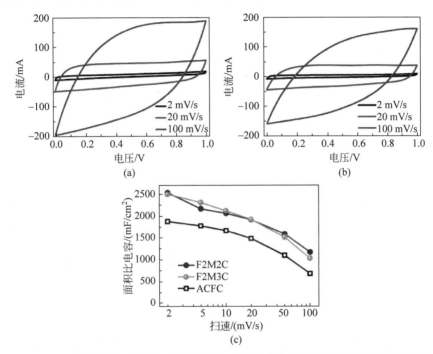

(a)　　　　　　　　　　　　(b)

(c)

图 4.11　活性碳布/二氧化锰/碳纳米管复合织物电极组装的对称型超级电容器的循环伏安测试[51]

(a) F2M2C；(b) F2M3C；(c) 上述织物电极和纯活性碳布电极在不同扫速下的面积比电容汇总

Adapted from Ref. 51 with permission from Wiley-VCH.

基于图 4.12(a)中纯活性碳布电极、F2M 活性碳布/二氧化锰复合织物电极以及 F2M2C 活性碳布/碳纳米管复合织物电极组装的对称型超级电容器恒电流充放电曲线放电起始部分的电压降,计算了三种器件的等效串联电阻,分别为 4.4 $\Omega \cdot cm^2$,9.2 $\Omega \cdot cm^2$ 和 1.8 $\Omega \cdot cm^2$,表明包覆在活性碳纤维表面的二氧化锰会大幅增加相应电极和超级电容器的内部阻抗,而碳纳米管的存在则有利于减小内部阻抗(在超级电容器内部,织物电极处于压缩状态,更有利于碳纳米管之间以及与活性碳纤维的电接触,从而使 F2M2C 织物电极的导电性更好)。图 4.12(b)中三种织物电极组装的对称型超级电容器的电化学阻抗图谱给出了一致的结论:相比于 ACFC 纯活性碳布织物电极组装的对称型超级电容器,F2M 活性碳布/二氧化锰复合织物电极组装的对称型超级电容器具有大的电荷转移阻抗,而引入碳纳米管后的 F2M2C 活性碳布/二氧化锰/碳纳米管复合织物电极组装的对称型超级电容器的电荷转移阻抗显著减小。小的电荷转移阻抗是 F2M2C 活性碳布/二氧化锰/碳纳米管复合织物电极具有良好倍率性能的内在原因。

综上,F2M2C 活性碳布/二氧化锰/碳纳米管复合织物电极具有大的面积比电容、小的内部阻抗和较好的倍率性能,使该电极组装成的对称型超级电容器具备较大的能量输出和功率输出能力,如图 4.12(c)所示,其能量密度和功率密度最高分别可达 56.9 μW·h/cm^2 和 16 287 μW/cm^2。

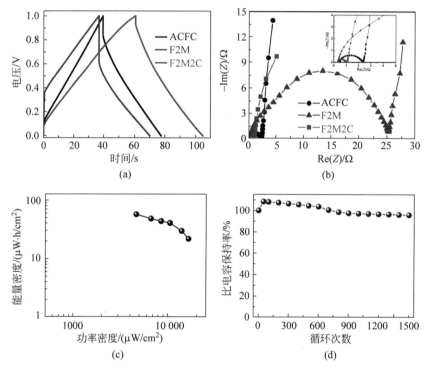

图 4.12　纯活性碳布电极、F2M 活性碳布/二氧化锰电极和 F2M2C 活性碳布/二氧化锰/碳纳米管电极组装的对称型超级电容器的电化学性能测试[51]

(a) 在 20 mA/cm^2 电流密度下的恒电流充放电曲线;(b) 交流阻抗图谱(插图:高频区放大);
(c) F2M2C 复合织物电极组装的对称型超级电容器的能量密度-功率密度图;(d) F2M2C 复合织物电极的循环稳定性测试

Adapted from Ref. 51 with permission from Wiley-VCH.

　　我们利用循环伏安测试表征了 F2M2C 活性碳布/二氧化锰/碳纳米管复合织物电极组装的对称型超级电容器在充放电循环过程中的电化学行为（使用的循环伏安测试扫速为 50 mV/s）。经过 1500 次循环，电极面积比电容仅损失 4%，表明 F2M2C 活性碳布/二氧化锰/碳纳米管复合织物电极具有良好的循环稳定性。

　　通过对活性碳布、活性碳布/碳纳米管全碳复合织物以及活性碳布/二氧化锰/碳纳米管复合织物的微观形貌、电学性能、比表面积和孔结构以及电化学性能的研究，可将高性能 F2M2C 活性碳布/二氧化锰/碳纳米管复合织物电极的储能机理做如下概括。①从 F2M2C 活性碳布/二氧化锰/碳纳米管复合织物电极内部各组分的电化学性能上看，活性碳纤维（活性基底）与二氧化锰是电化学活性物质，分别主要通过双电层电容和赝电容存储能量；碳纳米管作为导电填充物，其电化学性能几乎可以忽略。②从 F2M2C 活性碳布/二氧化锰/碳纳米管复合织物电极内部各组分的相互联系上看，二氧化锰的沉积是活性碳纤维与高锰酸钾水溶液之间的原位反应实现的，二氧化锰纳米片以活性碳纤维作为附着基底并均匀包裹在活性碳纤维表面；活性碳纤维与碳纳米管形成的微米-纳米多尺度碳 3D 导电网络，有利于电子在整个织物内部空间的快速传输、并从集流体传导至电化学活性物质（活性碳纤维和二氧化锰）表面，从而使电化学活性物质充分发挥出自身优异的电化学性能，实现高效利用。

4.3.3　基于大厚度织物电极制备高能量输出的超级电容器

　　一些应用场合对超级电容器的能量输出要求较高，而制备具有高能量输出的超级电容器则需要使用电化学活性物质载量高的厚电极。第 3 章研究了厚度达 $2.5 \sim 3.0$ mm 的活性碳毡电极，活性碳毡基的全碳电极具有较高的面积比电容和能量（低扫速和小电流密度下），然而其在高扫速和大电流下的电化学性能差，如图 4.13 所示。其中，ACFF 代表活性碳毡，ACFF/CNT 代表将 3 wt.%碳纳米管水系悬浊液引入活性碳毡并干燥后得到的织物，$ACFF/MnO_2$ 为 ACFF 与 0.1 mol/L 高锰酸钾水溶液反应 1 min 后干燥制得的织物。相比之下，活性碳布/碳纳米管全碳复合织物电极和活性碳布/二氧化锰/碳纳米管复合织物电极倍率性能好、在大扫速下展现出较高的面积比电容，但是活性碳布/碳纳米管全碳复合织物电极厚度仅为 $0.4 \sim 0.5$ mm（意味着低的活性物质面负载量）、低扫速下的面积比电容低于活性碳毡。

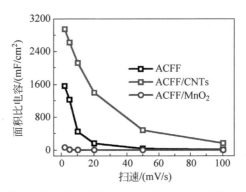

图 4.13 纯活性碳毡、活性碳毡/碳纳米管全碳复合织物以及活性碳毡/二氧化锰
复合织物电极在不同扫速下的面积比电容[51]

Adapted from Ref. 51 with permission from Wiley-VCH.

在此提出一种制备厚电极的策略,如图 4.14(a)所示。将两片相同的织物电极堆叠在一起作为厚电极。对应于各类原始薄织物电极(ACFC,FxC,FyM 和 FyMxC),可以分别得到不同的厚电极 ACFCt,FxCt,FyMt 和 FyMxCt。图 4.14 展示了不同厚电极组装的对称型扣式超级电容器的电化学行为。F2Ct 和 F3Ct 厚电极拥有较高的面积比电容和较好的倍率性能,比如 F3Ct 厚织物电极在 2 mV/s 和 100 mV/s 扫速下的面积比电容分别为 3416 mF/cm^2 和 1620 mF/cm^2;尽管 F2M2Ct 在低扫速下表现出超高的面积比电容,但其倍率性能较差(F2M3Ct 也表现出类似的电化学行为)。

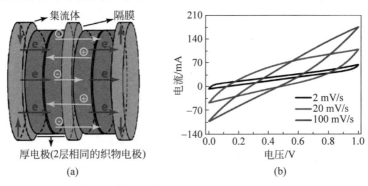

图 4.14 厚织物电极组装的对称型超级电容器结构示意图与循环伏安测试[51]

(a)厚织物电极及其组装的对称型扣式超级电容器结构示意图;各种厚织物电极组装的对称型扣式超级电容器的循环伏安曲线:(b) ACFCt;(c) F2Ct;(d) F3Ct;(e) F2M2Ct;(f) 上述厚织物电极的面积比电容汇总

Adapted from Ref. 51 with permission from Wiley-VCH.

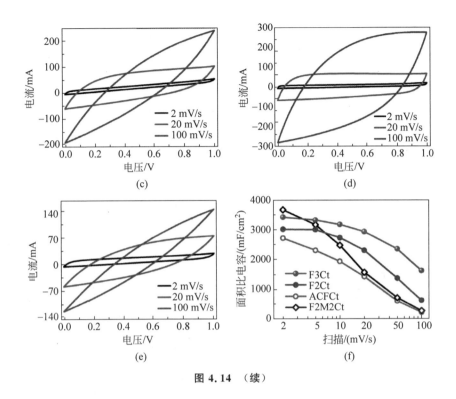

图 4.14 （续）

从上述循环伏安测试的结果看，F3Ct 厚织物电极有望用于制备同时具有高能量密度和高功率密度的超级电容器。

随后对 F3Ct 厚织物电极组装成的对称型扣式超级电容器进行恒电流充放电测试，图 4.15(a) 给出了 10 mA/cm^2 时的恒电流充放电曲线。如图 4.15(b) 所示，当电流密度从 10 mA/cm^2 增大到 75 mA/cm^2 时，该超级电容器的能量密度从 88.5 μW·h/cm^2 逐渐减小至 41.6 μW·h/cm^2，而功率密度则从 2172 μW/cm^2 增加到 13 087 μW/cm^2。F3C 和 F3Ct 电极优异的电学性能和多孔结构同时保证了电子的快速传导和离子的有效传输，这是 F3Ct 厚织物电极具有高面积比电容、良好倍率性能以及较大能量密度和功率密度的重要原因。上述观点也得到了电化学阻抗谱的印证：从图 4.15(c) 可知，相比于 ACFCt 和 F2M2Ct 厚织物电极，F3Ct 具有小得多的电荷转移阻抗。除此之外，如图 4.15(d) 所展示，F3Ct 厚织物电极展现出良好的循环稳定性：在 50 mV/s 扫速下经过 1500 次循环，电极比电容无明显衰减。

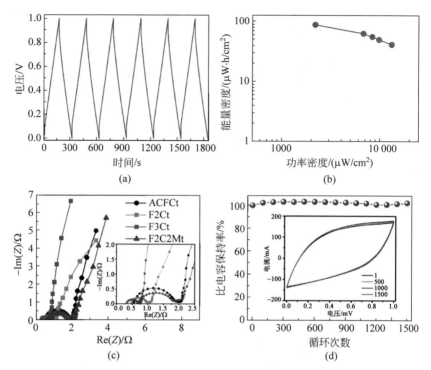

图 4.15　厚织物电极组装的对称型超级电容器的电化学行为[51]

F3Ct 厚织物电极组装的对称型扣式超级电容器的(a)恒电流充放电曲线和(b)能量密度-功率
密度图;(c)各种厚织物电极组装成的对称型扣式超级电容器的交流阻抗图谱;(d) F3Ct 厚织
物电极的循环稳定性测试(插图为第 1、500、1000 和 1500 圈的循环伏安曲线)

Adapted from Ref. 51 with permission from Wiley-VCH.

4.4　基于织物电极"自上而下"制备高性能柔性纤维电极

　　制备的高性能活性碳布基织物电极的另一个重要特征是其可以被直接
拆解为单根的纤维束并被直接用作柔性纤维电极。考虑 F2M2C 活性碳
布/二氧化锰/碳纳米管织物电极具有最佳的超电容性能,利用 F2M2C 织
物来拆解制备 ACFB/MnO_2/CNT 纤维束。如图 4.2(e)所示,由 F2M2C
拆解得到的 ACFB/MnO_2/CNT 纤维束具有好的机械柔性。更重要的是,
当这些纤维束被用作超级电容器纤维电极时,表现出了同样优异的电化学
性能(图 4.16),其体积比电容、长度比电容、面积比电容和质量比电容分别
达到了 66 F/cm^3,78 mF/cm,640 mF/cm^2 和 192 F/g。应当指出,纤维电

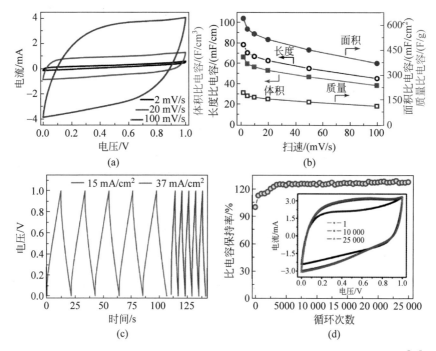

图 4.16 ACFB/MnO₂/CNT 纤维电极组装的对称型超级电容器的电化学行为[51]

（a）循环伏安曲线；（b）2～100 mV/s 扫速下的比电容值；（c）恒电流充放电曲线；（d）循环性能测试（插图为第 1 圈，10 000 圈和 25 000 圈的循环伏安曲线）

Adapted from Ref. 51 with permission from Wiley-VCH.

极和织物电极面积比电容的计算公式不同，因此二者的面积比电容数值差异较大。对于长和宽分别为 a 和 b 的织物电极，面积为 $a \times b$，因而面积比电容为 $C_1/(a \times b)$，其中 C_1 为织物电极电容；而纤维状电极往往被当作理想圆柱形处理，当孔径和长度分别为 d 和 h 时，其面积为 $\pi \times d \times h$，因而面积比电容为 $C_2/(\pi \times d \times h)$，其中 C_2 为纤维电极电容。根据 ACFB/MnO₂/CNT 纤维电极组装成的对称型超级电容器在 4～37 mA/cm² 电流密度下测得的恒电流充放电曲线计算可知，该器件的面积比能量高达 11.1 μW·h/cm²（此时的功率密度为 933 μW/cm²），即使当功率密度升高到 8028 μW/cm² 时，能量密度仍保持在较高的水平、约为 6.3 μW·h/cm²。这一性能显著优于早前报道的纤维状电极和超级电容器[13,157-158]。ACFB/MnO₂/CNT 纤维电极具有高比电容和高比能量的原因在于：ACFB/MnO₂/CNT 纤维电极的结构基底为具有高电化学活性的 ACFB 活性基底

(图 4.17),且二氧化锰和碳纳米管的引入能够进一步优化电极超电容性能(这点在 F2M2C 活性碳布/二氧化锰/碳纳米管复合织物电极中已进行讨论)。此外,如图 4.16(d)所示,在 50 mV/s 扫速下的 25 000 次超长循环测试中,ACFB/MnO₂/CNT 纤维电极显示出极好的稳定性。

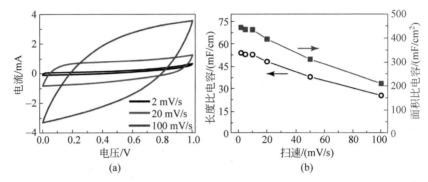

图 4.17　ACFB 纯活性碳纤维束电极组装的对称型超级电容器的电化学行为[51]

(a) 循环伏安曲线;(b) 2～100 mV/s 扫速下的比电容值汇总

Adapted from Ref. 51 with permission from Wiley-VCH.

4.5　织物电极和纤维电极的机械柔性与形变失效分析

4.5.1　电极的机械柔性表征

为研究 F2M2C 活性碳布/二氧化锰/碳纳米管复合织物的机械柔性,按照图 4.1(c)的流程,将两片相同的浸渍了 6 mol/L KOH 电解液的 F2M2C 活性碳布/二氧化锰/碳纳米管复合织物电极利用胶带封装,电极中间以无尘纸隔膜隔开,电极与封装胶带之间加入不锈钢箔作为集流体和引线。如图 4.18(a)所示,当该柔性超级电容器在不弯曲的平面状态(弯曲角度为 0°)或是弯曲成 90°和 180°时,电极比电容波动不超过 6%。将直径为 1.4 cm 的 F2M2C 活性碳布/二氧化锰/碳纳米管复合织物圆片电极反复弯曲(0°～180°)不同次数后组装成对称型扣式超级电容器以测试电极多次弯曲后的电化学性能,结果展示在图 4.18(b)中。可以看到,经过 100 次的反复弯曲,圆片电极保持其最初的外观形态而无明显破坏(如开裂或整体结构坍塌),面积比电容保留了未弯曲电极的 93%(基于 2 mV/s 扫速下的测试数据)。上述两种弯曲测试表明,F2M2C 活性碳布/二氧化锰/碳纳米管复合织物电极具有较好的机械柔性。

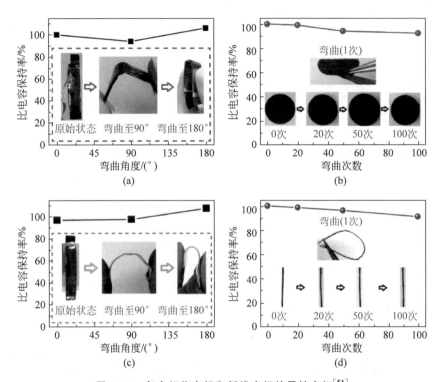

图 4.18　复合织物电极和纤维电极的柔性表征[51]

(a) 织物电极在不同弯曲角度下的比电容变化(插图为柔性超级电容器在不同弯曲状态下的数码照片);(b) 织物电极反复弯曲 0~100 次后的比电容保持率(插图为电极反复弯曲不同次数后的数码照片);(c) 纤维电极在不同弯曲角度下的比电容变化(插图为柔性超级电容器在不同弯曲状态下的数码照片);(d) 纤维电极反复弯曲 0~100 次后比电容保持率(插图为电极反复弯曲不同次数后的数码照片)

Adapted from Ref. 51 with permission from Wiley-VCH.

对于 ACFB/MnO$_2$/CNT 活性碳纤维束/二氧化锰/碳纳米管复合纤维电极,当其被弯曲成 90°或 180°时,比电容与原始状态(未弯曲状态)相比分别提升 0.8%和 11.1%。将该纤维电极反复弯曲不同次数后装成对称型扣式超级电容器并进行电化学性能测试发现,随着电极弯曲次数的增加,电极比电容保持率逐渐减小。尽管如此,反复弯曲 100 次后,纤维电极的外观并没有发现明显改变,电容保持率为 91%。作为对比,早期报道的碳纳米管/聚苯胺复合薄膜柔性电极经过 50 次反复弯曲后,比电容保持率为92%[159],而碳纳米管/聚苯胺包覆的塑料纤维电极经过 1000 次反复弯曲后,比电容保持率为 $94\%^{[53,152]}$。

4.5.2　电极弯曲变形过程中电化学性能衰减机理分析

　　为探明纤维电极和织物电极经过反复弯曲变形后比电容下降的原因,对弯曲不同次数后的纤维电极的微观形貌进行了观察,相关结果展示在图 4.19 中。在图 4.19(a)～(d)展示的 1000 倍放大倍数的扫描电镜视野下,经过不同弯曲次数后的电极形貌无法观察到明显变化。但是对活性碳纤维表面进一步放大后观察,能够发现新的现象:①随着弯曲次数的增加,一些活性碳纤维断裂;②在原始电极内部,活性碳纤维表面被二氧化锰和碳纳米管包裹,然而电极被多次弯曲后,在电极内部局部区域能够观察到二氧化锰和碳纳米管已经从活性碳纤维表面脱落的现象。相对来说,电极弯曲次数越多,上述现象越明显。但应指出,即使经过 100 次的反复弯曲,上述现象在电极内部也不是大量存在的。活性碳纤维的断裂以及碳纳米管网络的脱落将会引起电极电学性能变差,而二氧化锰的脱落则意味着电极损失一部分赝电容,结果导致弯曲后电极比电容下降。上述分析同样适用于织物电极弯曲变形时的情况。

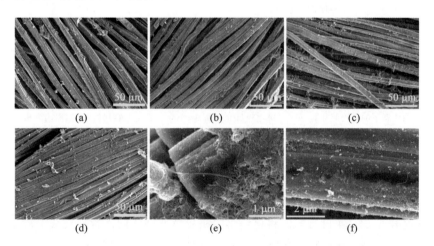

图 4.19　经过不同弯曲次数后 ACFB/MnO$_2$/CNT 纤维电极的扫描电镜图片[51]

(a) 弯曲 0 次;(b) 弯曲 20 次;(c) 弯曲 50 次;(d)～(f) 弯曲 100 次;其中(e)展示了断裂的活性碳纤维,(f) 展示了在局部区域下裸露的活性碳纤维表面

4.6　本 章 小 结

本章讨论了活性碳布用作柔性超级电容器活性基底的可能性,制备了活性碳布/碳纳米管全碳复合织物电极和活性碳布/二氧化锰/碳纳米管复合织物电极,并通过拆解织物电极制备了纤维电极,研究了上述各种电极的微观结构、电学性能、电化学性能、机械柔性等,得到如下结论:

(1) 活性碳布具有较高的双电层电容性能和良好的机械柔性,能够作为柔性超级电容器电极的活性基底;

(2) 活性碳布/碳纳米管全碳复合织物电极中碳纳米管可以显著提升织物的电导率,从而改善织物电极的倍率性能,这种高导电、多孔的织物电极可以通过叠层的方法制备出面积比能量更高的厚织物电极;在活性碳布/碳纳米管全碳复合织物电极中引入具有高理论赝电容的二氧化锰纳米片,可进一步提高织物电极的面积比电容和面积比能量等,且制备的活性碳布/二氧化锰/碳纳米管复合织物电极具有良好的循环稳定性;

(3) 活性碳布/二氧化锰/碳纳米管复合织物电极可被直接拆解成纤维束以作为纤维电极,得到的纤维电极具有优异的电化学性能,即实现了高性能织物电极和纤维电极的同步制备;这种“自上而下”的策略为大批量生产微型纤维电极和储能器件提供了新的思路;

(4) 活性碳布/二氧化锰/碳纳米管复合织物电极和活性碳纤维束/二氧化锰/碳纳米管复合纤维电极均表现出良好的机械柔性;在反复弯曲变形的过程中,上述电极比电容的缓慢衰减与电极内部活性碳纤维的断裂以及二氧化锰和碳纳米管的脱落有关。

第5章 基于活性碳纤维/碳纳米管/聚苯胺复合材料制备多层级结构的柔性电极

5.1 引 言

基于"制备高面积比能量柔性超级电容器/电极"的研究目标,本书将关键问题归纳为"如何实现活性物质高载量情况下在柔性电极中的均匀分布和高效利用"(或进一步凝练为:在柔性电极中解决纳米活性物质团聚以及电子/离子长距离传输问题)。在前两章的研究中,一方面利用活性碳纤维织物作为柔性电极的结构骨架以实现基底的活性化,另一方面基于活性碳纤维高比表面积的特点,在其表面原位负载较高载量的二氧化锰纳米片,即关注活性基底与赝电容纳米材料的界面耦合问题,进一步提高了柔性电极内部活性物质的含量和电极比能量等。但是由于二氧化锰差的导电性,高负载量的二氧化锰将会引起电极电学和电化学性能的恶化。从这点考虑,以导电高分子取代二氧化锰作为活性物质,有望将更多的活性物质负载于活性碳纤维织物基体内并获得更高的电极面积比电容和比能量。

在活性碳布/二氧化锰/碳纳米管复合织物电极内部,二氧化锰纳米片包裹于活性碳纤维表面,而在活性碳纤维之间相对远离纤维表面的区域无活性物质分布(上文已指出,碳纳米管在该体系下是作为导电填充物存在的,电化学性能差)。显然,如果这部分空间能够被用于沉积活性物质,那么整个电极中的活性物质负载量将获得进一步提升。然而,如何实现活性物质在活性碳纤维之间的均匀分布、如何保证电子能够从集流体经过活性碳纤维快速传导到这部分活性物质表面、如何实现活性物质在如此高负载量情况下不会对离子在电极内的传输造成严重影响以及相应电极的机械柔性如何,都是需要研究的问题。

在本章的研究中,制备了一种具有多层级结构的柔性超级电容器电极,通过活性物质在柔性电极中的立体式分布设计解决上述问题。具体来说,可见如图 5.1 所示的电极制备流程,利用活性碳布作为柔性基底,首先在活

性碳纤维表面原位沉积聚苯胺,随后在活性碳纤维之间构筑连续的碳纳米
管网络,最后在这些碳纳米管网络上再次沉积聚苯胺以获得活性碳布/聚苯
胺/碳纳米管/聚苯胺复合织物电极(注:本章下文中的复合电极按照其制
备过程中组分引入的先后顺序进行命名;不难理解,如活性碳布/聚苯胺/
碳纳米管和活性碳布/碳纳米管/聚苯胺是两种不同的电极)。活性碳布基
底的采用以及聚苯胺的两次沉积使制备的电极具有高的活性物质(活性碳
纤维和聚苯胺)负载量,同时由于这些活性物质被"强行放置"在三种不同的
空间位置(即活性碳纤维自身、活性碳纤维表面和活性碳纤维之间),相当于
降低了局部区域的活性物质含量,避免了纳米活性物质的严重团聚。该复
合织物电极显示出了优异的超电容性能和可变性能力。基于此电极进一步
制备了厚织物电极和柔性纤维电极,并研究了其电化学行为和机械柔性等。
本章的研究不仅直接提供了高性能的柔性织物电极和纤维电极,也为优化
柔性电极结构进而改善其电化学性能提供了新的方法。

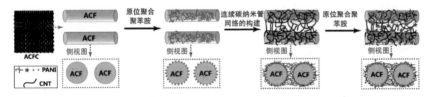

**图 5.1　具有多层级结构的活性碳布/聚苯胺/碳纳米管/聚苯胺复合织物电极的制备
流程图(其中 ACF、ACFC、CNT 和 PANI 分别代表活性碳纤维、活性碳布、碳纳
米管和聚苯胺;上述符号在本书中通用)[186]**

Adapted from Ref. 186 with permission from Elsevier.

5.2　试样制备与表征方法

碳纳米管通过"浸渍-干燥法"引入织物内部:将纯活性碳布充分浸渍
质量分数为 2% 的碳纳米管水系悬浊液后取出并于 60℃ 下烘干,得到的活
性碳布/碳纳米管全碳复合织物记作 F2C。本章中,将碳纳米管引入其他织
物内部同样是采用此流程。

聚苯胺通过原位化学聚合沉积到织物内部。具体地,将苯胺和过硫酸
铵按照 4:1 的物质的量比分别分散到 25 mL 浓度为 1 mol/L 的盐酸水溶
液中,然后将两溶液快速混合、搅匀;将面积约 18 cm² 的活性碳布浸入上
述混合溶液并置于 20℃ 恒温槽中反应 6 h,随后取出并用去离子水洗去活

性碳布上未反应的苯胺(部分附着不牢固的聚苯胺在清洗过程中也会从活性碳布上脱落),在 60 ℃下烘干即可;当苯胺与过硫酸铵混合盐酸溶液中苯胺的浓度为 x mol/L 时,将制备的活性碳布/聚苯胺复合织物电极记作 FxP。本章中,聚苯胺在其他织物中的沉积均是按照上述流程进行的。

活性碳布/碳纳米管/聚苯胺复合织物电极是通过在 F2C 活性碳布/碳纳米管全碳复合织物电极上沉积聚苯胺制得的。将其记作 $F2CyP$,其中 y 的含义为沉积聚苯胺时使用的苯胺与过硫酸铵混合盐酸溶液中苯胺的浓度,即与 FxP 中 x 的含义相同。

活性碳布/聚苯胺/碳纳米管/聚苯胺复合织物电极的制备是通过将碳纳米管引入 F0.2P 活性碳布/聚苯胺复合织物电极(得到的 F0.2P/CNT 织物记作 FPC,其中碳纳米管的负载量为 0.9 mg/cm^2)后再沉积聚苯胺得到的。最终制得的活性碳布/聚苯胺/碳纳米管/聚苯胺复合织物电极记作 $FPCzP$,其中 z 的含义为沉积聚苯胺时使用的苯胺与过硫酸铵混合盐酸溶液中苯胺的浓度,即与 FxP 中的 x 和 $F2CyP$ 中的 y 的含义相同。

借助于扫描电镜、比表面积分析仪、四探针测试仪分析各种织物电极的微观结构等基本物性。为表征织物电极的电化学性能,将其组装成对称型扣式超级电容器,使用的电解液为 1 mol/L 的 H_2SO_4 水溶液。组装流程可见图 2.1。将组装的超级电容器静置 20 h 以上再在电化学工作站上进行包括循环伏安、恒电流充放电和交流阻抗图谱等一系列电化学测试。电极的面积比电容和对称型超级电容器的能量密度和功率密度等根据本书 2.3 节相应公式计算。为表征织物电极的机械柔性,将直径为 1.2 cm 的圆片状织物电极反复弯曲不同次数后组装成对称型扣式超级电容器并进行电化学测试。

5.3   多层级结构柔性织物电极的基本物性

图 5.2 为纯活性碳布和活性碳布基复合织物的扫描电镜图。活性碳布由微米级的活性碳纤维组成,其比表面积为 904 m^2/g(与第 4 章使用的活性碳布为同一类型,但作为工业产品,不同批次间会略有差异)、体积电导率为 21 S/cm。对于制备的 FxP 活性碳布/聚苯胺复合织物,使用的苯胺与过硫酸铵混合盐酸溶液的苯胺浓度越大,FxP 复合织物中聚苯胺的沉积量越大。其中,聚苯胺在 F0.2P 活性碳布/聚苯胺复合织物中的负载量为 3.6 mg/cm^2。在 F0.1P 和 F0.2P 活性碳布/聚苯胺复合织物中,纤维状的

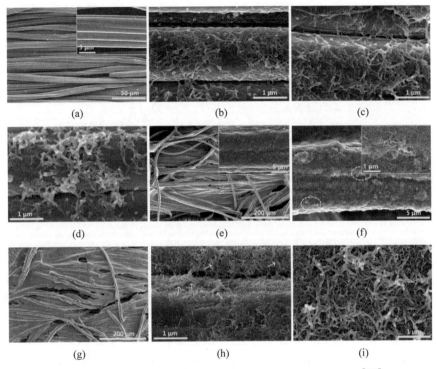

图 5.2　纯活性碳布和活性碳布基复合织物的扫描电镜图片[186]

(a) ACFC；(b) F0.1P；(c) F0.2P；(d) F0.8P；(e) F2C；(f) F2C0.2P；(g)～(i) FPC0.2P；
(a),(e),(f)中的插图分别是纯活性碳纤维表面、碳纳米管网络、碳纳米管/聚苯胺复合网络的放
大图；在 FPC0.2P 活性碳布/聚苯胺/碳纳米管/聚苯胺复合织物电极中,聚苯胺同时分布在(h)
活性碳纤维表面和(i)活性碳纤维之间的碳纳米管网络上；(f)中的圈示区域和(h)中箭头所指的
位置为聚苯胺纤维

Adapted from Ref. 186 with permission from Elsevier.

聚苯胺纳米颗粒紧密贴附在活性碳纤维表面。同时,研究表明,在活性碳纤
维表面原位聚合沉积聚苯胺时,会在纤维表面形成一层聚苯胺薄层[160]。
聚苯胺的存在将会覆盖住一部分活性碳纤维表面的孔,从而造成织物比表
面积的显著降低(图 5.3)。当织物中的聚苯胺超过一定量时(如在 F0.8P
活性碳布/聚苯胺复合织物中),聚苯胺纤维开始出现团聚。

　　如图 5.2(e)所示,在 F2C 活性碳布/碳纳米管全碳复合织物中,碳纳米
管形成连续的网络并将活性碳纤维包覆其中。如图 5.2(f)所示,将聚苯胺
沉积在 F2C 织物上后可以看到,聚苯胺纳米纤维分布在 F2C$_y$P 活性碳布/
碳纳米管/聚苯胺复合织物内部的碳纳米管导电网络上。先前的研究表明,

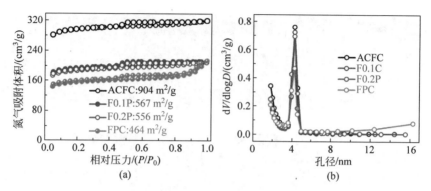

图 5.3　纯活性碳布和活性碳布基复合织物的孔结构分析[186]

(a) 氮气吸脱附曲线；(b) 孔径分布曲线

Adapted from Ref. 186 with permission from Elsevier.

原位化学聚合沉积聚苯胺时,碳纳米管表面也会被聚苯胺薄层包覆[89,161]。在 F2CyP 活性碳布/碳纳米管/聚苯胺复合织物中,碳纳米管的主要作用包括:①作为聚苯胺在活性碳纤维之间沉积的结构支撑体;②与活性碳纤维形成微米-纳米多尺度碳材料 3D 导电网络,有利于电子在整个织物电极中的快速传导,例如 F2C0.2P 织物的体积电导率为 43 S/cm(图 5.4)。此外,选择碳纳米管承载上述功能也与碳纳米管自身优异的机械柔性适合于制备柔性/可穿戴电极有关[51,108,162]。

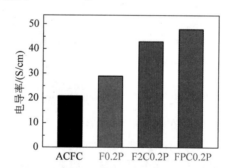

图 5.4　活性碳布和活性碳布基复合织物的电导率[186]

Adapted from Ref. 186 with permission from Elsevier.

　　FPC0.2P 活性碳布/聚苯胺/碳纳米管/聚苯胺复合织物的微观形貌如图 5.2(g)～(i)和图 5.5(断面图)所示。在图 5.2(h)展示的活性碳纤维表面,能够同时观察到聚苯胺纳米纤维和碳纳米管,并且聚苯胺纳米纤维被覆盖在碳纳米管下方;同时,在图 5.2(i)展示的活性碳纤维之间的碳纳米管网络上,可以发现聚苯胺纳米纤维。这表明,在 FPC0.2P 活性碳布/聚苯胺/碳纳米管/聚苯胺复合织物中,聚苯胺同时分布在活性碳纤维表面和活性碳纤维之间的空间区域(碳纳米管网络上),使聚苯胺的负载量高达 $5.9 \ \mathrm{mg/cm^2}$,明显高于 F0.2P 活性碳布/聚苯胺复合织物中聚苯胺的负载量($3.6 \ \mathrm{mg/cm^2}$)以及其他文献报道的普通碳纤维/聚苯胺织物电极中聚苯胺的负载量($2.5 \ \mathrm{mg/cm^2}$)[163]。与此同时,活性碳布基底同样具有电化学活性,其质量为 $12.4 \ \mathrm{mg/cm^2}$。活性碳布-碳纳米管多尺度碳材料构成的 3D 导电网络与导电聚苯胺的结合赋予 FPC0.2P 活性碳布/聚苯胺/碳纳米管/聚苯胺复合织物优异的电学性能,其体积电导率可达 48 S/cm(图 5.4)。

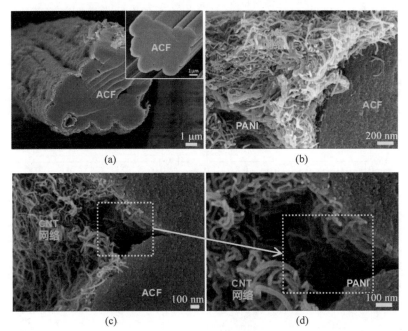

图 5.5　FPC0.2P 活性碳布/聚苯胺/碳纳米管/聚苯胺复合织物的截面图[186]
(a) 复合织物的截面图,其中插图为纯活性碳纤维的截面图;(b) 复合织物内部活性碳纤维间的碳纳米管网络上观察到的聚苯胺;(c)～(d) 复合织物内部分布在活性碳纤维表面的聚苯胺

5.4　多层级结构柔性织物电极的电化学性能与储能机理

我们进一步研究了活性碳布和活性碳布基复合织物电极的电化学性能。如图 5.6(a)所示,作为典型的双电层电容器电极,活性碳布在 1 mol/L

H_2SO_4 电解液中的面积比电容为 2256 mF/cm^2 (2 mV/s 扫速下),但是在高扫速下的电容性能较差,这主要与活性碳布电学性能不佳有关。如图 5.6(b)~(j)所示,聚苯胺能够提供较高的赝电容,结果 FxP 活性碳布/聚苯胺复合织物电极在 2 mV/s 低扫速下的面积比电容得到显著提升:随着沉积聚苯胺时使用的苯胺与过硫酸铵混合盐酸溶液中苯胺浓度的增大,得到的 FxP 织物电极面积比电容先增大后减小;F0.2P 织物展现出最大的比电容值,在 2 mV/s 扫速下为 3320 mF/cm^2。相比之下[164],将聚苯胺负载在普通碳纤维布上得到的织物电极面积比电容不足 400 mF/cm^2,再次显示出使用活性碳布作为柔性电极活性基底的巨大优势。此外,FxP 活性碳布/聚苯胺织物电极在 100 mV/s 扫速下的电化学性能普遍较差,可能

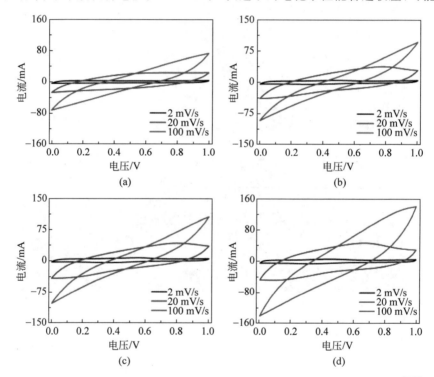

图 5.6 纯活性碳布和复合织物电极组装的对称型超级电容器的循环伏安测试[186]

(a) ACFF;(b) F0.05P;(c) F0.1P;(d) F0.2P;(e) F0.4P;(f) F0.6P;(g) F0.8P;(h) F1.0P;(i) F1.2P;(j) 上述各织物电极的面积比电容汇总;(k) FPC 活性碳布/聚苯胺/碳纳米管复合织物电极组装的对称型超级电容器的循环伏安曲线

Adapted from Ref. 186 with permission from Elsevier.

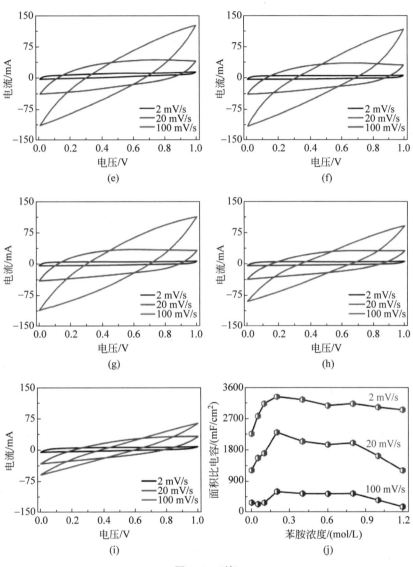

图 5.6 （续）

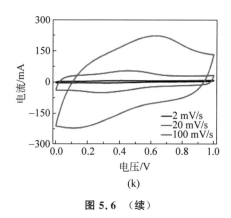

图 5.6　（续）

是由于聚苯胺主要分布在活性碳纤维表面而不是将活性碳纤维相互连接起来，也就不能对电子在整个织物内部的传导产生积极影响。如图 5.6(k)所示，在 F0.2P 织物中引入碳纳米管网络，可以改善织物的倍率性能，但对低扫速下的面积比电容值几乎没有提高。

与纯活性碳布相比，F2C 活性碳布/碳纳米管全碳复合织物具有高的电导率(37 S/cm)和良好的倍率性能，如图 5.7 所示，其在 2 mV/s 和 100 mV/s 扫速下的面积比电容分别为 2541 mF/cm^2 和 1327 mF/cm^2。在 F2C 活性碳布/碳纳米管全碳复合织物中引入聚苯胺后，电极的面积比电容得到提升，且对于制备的具有不同聚苯胺含量的 F2CyP 活性碳布/碳纳米管/聚苯胺复合织物电极，F2C0.2P 织物电极具有最高的面积电容值 3274 mF/cm^2。虽然 F2C0.3P 织物电极具有更高的 PANI 负载量，但是其电化学性能反而不理想，应当与聚苯胺在高含量下不可控的团聚和引起碳纳米管/聚苯胺网络致密化有关，这两点都会导致电解液难于充分浸润电化学活性物质。

上述实验结果表明，在该实验体系条件下，单从改变 FxP 活性碳布/聚苯胺复合织物和 F2CyP 活性碳布/碳纳米管/聚苯胺复合织物中聚苯胺的沉积量提升电极面积比电容是有限的，最高不超过约 3320 mF/cm^2。但是，通过为织物电极设计多层级结构，制得的活性碳布/聚苯胺/碳纳米管/聚苯胺复合织物电极展现出显著优化的电化学性能(图 5.8)。以 FPC0.2P 活性碳布/聚苯胺/碳纳米管/聚苯胺复合织物电极为例，其不仅在 2 mV/s 扫速下具有高达 4039 mF/cm^2 的面积比电容，同时也展现出良好的倍率性能，在 100 mV/s 下的面积比电容可达到 2562 mF/cm^2；由 FPC0.2P 织物电极的总质量为 19.1 mg/cm^2 可知，电极的质量比电容为 211 F/g。将 ACFC

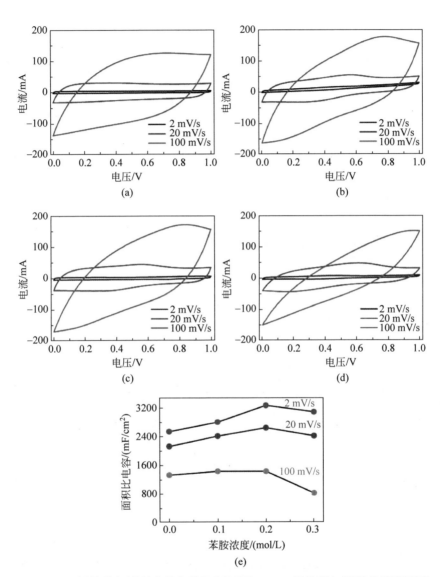

图 5.7　F2C 活性碳布/碳纳米管全碳复合织物和 F2CyP 活性碳布/碳纳米管/聚苯胺
复合织物电极组装的对称型超级电容器的循环伏安测试[186]

(a) F2C；(b) F2C0.1P；(c) F2C0.2P；(d) F2C0.3P；(e) 上述织物电极的面积比电容值汇总
Adapted from Ref. 186 with permission from Elsevier.

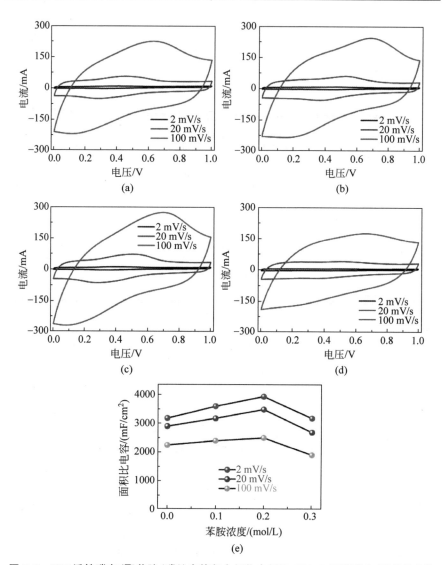

图 5.8　FPC 活性碳布/聚苯胺/碳纳米管复合织物电极和 FPCzP 活性碳布/聚苯胺/碳
纳米管/聚苯胺复合织物电极组装的对称型超级电容器的循环伏安测试[186]

(a) FPC；(b) FPC0.1P；(c) FPC0.2P；(d) FPC0.3P；(e) 上述织物电极的面积比电容值汇总

Adapted from Ref. 186 with permission from Elsevier.

纯活性碳布、F0.2P 活性碳布/聚苯胺、FPC 活性碳布/聚苯胺/碳纳米管、
F2C0.2P 活性碳布/碳纳米管/聚苯胺和 FPC0.2P 活性碳布/聚苯胺/碳纳
米管/聚苯胺复合织物电极的面积比电容-扫速关系曲线汇总在图 5.9,其

直观地展示了多层级结构的 FPC0.2P 复合织物电极具有显著优异的电化学性能。

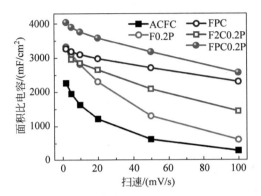

图 5.9　**ACFC 纯活性碳布、F0.2P 活性碳布/聚苯胺、FPC 活性碳布/聚苯胺/碳纳米管、F2C0.2P 活性碳布/碳纳米管/聚苯胺和 FPC0.2P 活性碳布/聚苯胺/碳纳米管/聚苯胺复合织物电极的面积比电容汇总**[186]

Adapted from Ref. 186 with permission from Elsevier.

进一步采用恒电流充放电技术对各种复合织物电极的电化学性能进行表征,结果展示在图 5.10(a)～(b)中。在 ACFC 纯活性碳布、F0.2P 活性碳布/聚苯胺、FPC 活性碳布/聚苯胺/碳纳米管、F2C0.2P 活性碳布/碳纳米管/聚苯胺和 FPC0.2P 活性碳布/聚苯胺/碳纳米管/聚苯胺复合织物电极组装的对称型扣式超级电容器的恒电流充放电曲线上,可以看到 FPC0.2P 织物电极具有最小的电压降和最长的放电时间,这也决定了其具有最高的面积比电容。基于 2 mA/cm^2 充放电电流密度下的电压降计算,FPC0.2P 织物电极超级电容器的等效串联电阻仅有 1.1 Ω·cm^2。对此,图 5.10(c)的交流阻抗图谱也给出了一致的信息:FPC0.2P 织物电极超级电容器具有非常小的电荷转移阻抗,这是因其优异的电学性能和多孔结构有利于电子和离子快速传输决定的。FPC0.2P 织物电极的这些特点对其倍率性能产生积极作用[162,165]。较高的比电容和较小的等效串联电阻赋予了 FPC0.2P 织物电极优异的能量存储能力:如图 5.10(d)所示,FPC0.2P 织物电极组装的对称型扣式超级电容器面积比能量最高可达 131 μW·h/cm^2,此时的功率密度为 498 μW/cm^2。即使当功率密度为 11 424 μW/cm^2 时,面积比能量仍保持在 102 μW·h/cm^2。这一性能显著优于 ACFC 纯活性碳布、F0.2P 活性碳布/聚苯胺、FPC 活性碳布/聚苯胺/碳纳米管复合织物电极以及在文献中报道的大多数柔性超级电容器电极(例如,对于柔性纤维状和薄膜式

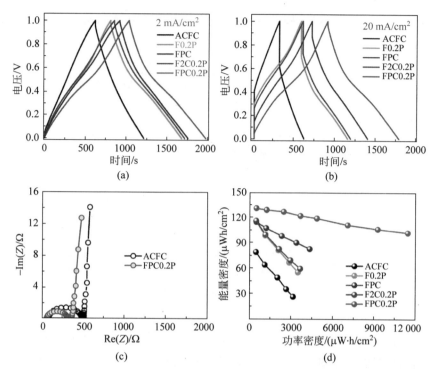

图 5.10 ACFC 纯活性碳布、F0.2P 活性碳布/聚苯胺、FPC 活性碳布/聚苯胺/碳纳米
管、F2C0.2P 活性碳布/碳纳米管/聚苯胺和 FPC0.2P 活性碳布/聚苯胺/碳
纳米管/聚苯胺复合织物电极组装的对称型超级电容器的电化学行为[186]

(a) 2 mA/cm² 和(b) 20 mA/cm² 电流密度下的恒电流充放电曲线;(c) ACFC 和 FPC0.2P 对
称型超级电容器的交流阻抗图谱;(d) 上述各超级电容器的能量密度-功率密度图

Adapted from Ref. 186 with permission from Elsevier.

超级电容器电极,能量密度一般低于 10 μW·h/cm²;对于聚吡咯/二氧化
锰包覆的普通碳布电极,在 2 mA/cm² 恒电流充放电电流密度下的面积比
能量为 30~40 μW·h/cm²)[13,112,166]。

聚苯胺通过整个体相内快速可逆的掺杂/去掺杂反应存储能量。在充
放电过程中,离子的反复嵌入和脱出导致聚苯胺材料产生大的体积膨胀和
收缩,引起循环性能的恶化[89,93,167]。但如图 5.11 所示,FPC0.2P 活性碳
布/聚苯胺/碳纳米管/聚苯胺复合织物电极在 50 mA/cm² 电流密度下经
过 5000 次循环充放电,比电容保持率约为 80%,循环稳定性较好。在
FPC0.2P 复合织物电极中,碳纳米管相互缠绕形成连续的网络。这种网络
结构在超级电容器内部是非常稳定的,正常的充放电过程基本不会对其造

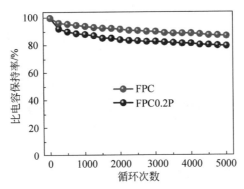

图 5.11　FPC 活性碳布/聚苯胺/碳纳米管复合织物电极和 FPC0.2P 活性碳布/聚苯胺/碳纳米管/聚苯胺复合织物电极的循环稳定性测试[186]

Adapted from Ref.186 with permission from Elsevier.

成破坏[108,162]。由于在 FPC0.2P 织物中部分聚苯胺被束缚在活性碳纤维和碳纳米管网络之间,聚苯胺高分子链的膨胀和收缩在一定程度上被抑制。这是 FPC0.2P 织物电极具有较好循环性能的原因。此外,FPC 活性碳布/聚苯胺/碳纳米管复合织物电极的循环稳定性优于 FPC0.2P,一方面与 FPC0.2P 织物中聚苯胺含量较高有关(聚苯胺循环稳定性远不及碳材料,所以聚苯胺含量越高,其对复合电极循环稳定性带来的负面影响越明显);另一方面与 FPC0.2P 织物内部最外层聚苯胺较容易脱落有关(部分位于碳纳米管网络上的聚苯胺没有被碳纳米管和活性碳纤维所束缚)。

　　需要指出的是,如果从 FPC0.2P 活性碳布/聚苯胺/碳纳米管/聚苯胺复合织物电极的制备流程上看,其可以被看作聚苯胺-碳纳米管-聚苯胺在活性碳布基底上的交替沉积,理论上再继续增加聚苯胺和碳纳米管的沉积次数,会使织物电极内部聚苯胺的负载量更高,但这并不意味着整个电极的面积比电容和面积比能量等电化学性能变得更加优异。例如,在 FPC0.2P 上进一步交替沉积一次和两次碳纳米管-聚苯胺(得到的织物分别记作 FPC0.2PC0.2P 和 FPC0.2PC0.2PC0.2P)并对其进行电化学行为表征,发现织物的面积比电容反而下降(图 5.12),这是由于再次沉积的碳纳米管/聚苯胺使织物电极内部结构变得更为致密,不利于电解液与电化学活性物质(活性碳纤维和聚苯胺)的接触。此外,FPC0.2PC0.2P 和 FPC0.2PC0.2PC0.2P 复合织物电极出现明显的硬化现象,机械柔性变差。

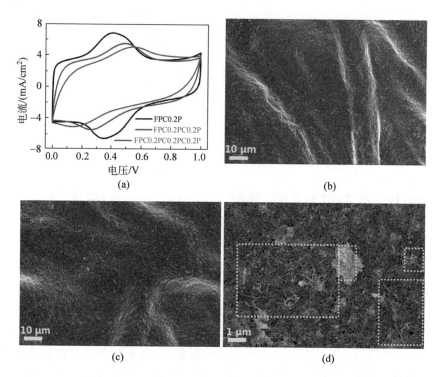

图 5.12   沉积不同层数 CNT/PANI 复合网络织物的电化学行为和微观形貌[186]
(a) FPC0.2P、FPC0.2PC0.2P 和 FPC0.2PC0.2PC0.2P 复合织物电极组装的对称型超级电容器
在 2 mV/s 下的循环伏安曲线；(b) FPC0.2PC0.2P，(c)，(d) FPC0.2PC0.2PC0.2P 复合织物的
扫描电镜图片(图中圈示区域为聚苯胺纳米纤维)

Adapted from Ref. 186 with permission from Elsevier.

5.5   柔性电极性能与内部多层级结构的关系讨论

通过以上讨论不难看出，相比于 ACFC 纯活性碳布、FxP 活性碳布/聚苯胺复合织物等，FPCzP 活性碳布/聚苯胺/碳纳米管/聚苯胺复合织物电极具有最佳的电化学性能。FPCzP 复合织物电极具有良好电化学性能的潜在原因，可以概括为以下几点：①高的活性物质含量。在 FPCzP 织物中，活性物质包括活性碳纤维和聚苯胺，二者在 FPC0.2P 织物电极中的总含量高达 18.3 mg/cm^2，其中聚苯胺为 5.6 mg/cm^2。②活性物质的立体式分布。尽管 FPCzP 织物中的活性物质的含量很高，但其分布却整体均匀,原因在于这些活性物质被"强行放置"在不同的空间位置,即活性碳纤维(自身)、活性碳纤维表面和活性碳纤维之间,间接降低了电极内部局部区域的活性物质含量,从而有效避免了纳米活性物质团聚的发生。③活性碳纤维-碳纳米管多尺度碳材料3D导电网络的存在。活性物质分布在织物电极内部的整个空间且织物电极厚度达到$400\sim500~\mu m$,这对电子传导提出了很高的要求。而活性碳纤维、碳纳米管均为高导电材料,且二者相互搭接形成布满整个织物电极内部的3D导电网络,为电子从集流体快速传递到电极内部各活性物质提供可能。④多层次孔结构的存在。在电化学储能过程中,离不开电子和离子的同时参与。碳纳米管之间存在的尺寸从数纳米至上百纳米的孔、活性碳纤维表面的沟槽与介孔(以及部分微孔)以及其他各种尺寸孔的存在为电解液与活性物质的充分接触提供了可能,保证了电化学储能过程中离子的快速传输。

5.6　多层级结构柔性织物电极的机械柔性表征

我们进一步研究了FPC0.2P多层级结构活性碳布/聚苯胺/碳纳米管/聚苯胺的机械柔性,结果如图5.13所示。FPC0.2P织物圆片电极能够反复从$0°$弯曲至$180°$。在第4章的研究中已经指出,弯曲变形将会引起织物电极内部少量活性碳纤维的断裂和活性物质的脱落,从而使电极的电学和电化学性能在一定程度上出现恶化。实际上,从FPC0.2P复合织物圆片电极弯曲后的恒电流充放电曲线上也可以看出,随着弯曲次数的增加,恒电流充放电曲线上电压降逐渐增大、放电时间逐渐缩短。尽管如此,在反复弯曲1000次后,FPC0.2P织物圆片电极仍保持了宏观结构的完整性,且能量密度保持率为80%,表明该织物电极拥有良好的机械柔性。在测试了反复弯曲1000次的FPC0.2P织物圆片电极的循环稳定性后发现,其经过5000次连续的充放电循环后,比电容保持率为74%,仅略差于未弯曲过的FPC0.2P电极。这也间接表明,反复弯曲变形对FPC0.2P织物电极微观结构的破坏有限。当柔性储能器件实际应用于可穿戴电子产品时,柔性电极可能会发生各种各样的形变,比如弯曲、扭曲和卷绕等。而如图5.13(c)~(e)所示,FPC0.2P复合织物电极能够满足上述多种变形要求,为复合织物电极在柔性可穿戴电子设备上的应用提供了可能。

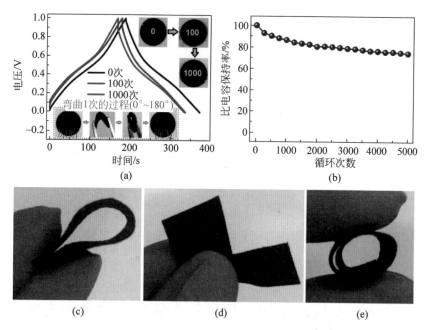

图 5.13   FPC0.2P 复合织物电极的柔性表征[186]

（a）圆片电极在不同弯曲次数后的数码图片和组装成的对称型超级电容器的恒电流充放电曲线（电流密度：10 mA/cm²）；（b）圆片电极弯曲 1000 次后的循环稳定性测试；织物电极在（c）弯曲、（d）扭曲和（e）卷绕状态下的数码图片

Adapted from Ref. 186 with permission from Elsevier.

5.7 基于多层级结构柔性织物制备的厚电极和纤维电极

如上文所述，FPC0.2P 多层级结构活性碳布/聚苯胺/碳纳电管/聚苯胺织物电极具有优异的电化学性能。除此之外，FPC0.2P 织物还可用于构造厚度更大的织物电极和"自上而下"拆解成柔性的微型纤维电极。其中，前者能够提供更高的能量输出以适用于大尺寸电子设备，后者则对于微电子器件具有重要意义[13,51,168]。如图 5.14（a）～（b）所示，将两片相同的 FPC0.2P 织物圆片电极叠加成厚度约为 900 μm 的层状厚电极，记作 L-FPC0.2P。在 10 mA/cm² 的充放电电流密度下，该电极的面积比电容为 7804 mF/cm²，其组装成的对称型扣式超级电容器面积比能量最高可达 214 μW·h/cm²。相比之下，当两片纯活性碳布织物圆片电极构成的厚电极（L-ACFC）被组装成对称型扣式超级电容器时，面积比能量仅为 122 μW·h/cm²。

FPC0.2P 织物可视为由纤维束"自下而上"编织而成。反向思考,亦可将 FPC0.2P 织物"自上而下"拆解成复合纤维束并直接用作纤维电极[47-48,51,169-170],如图 5.14(c)～(f)所示。得到的纤维电极具备良好的机

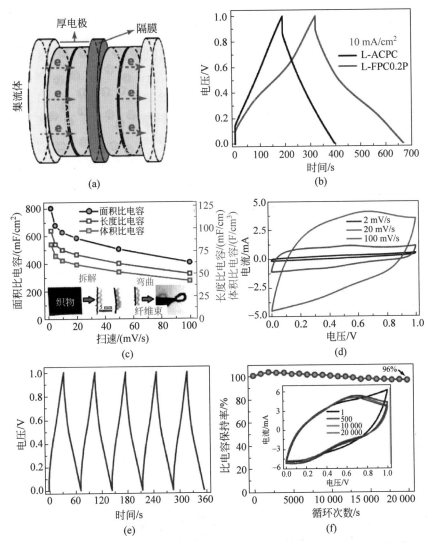

(a)　　　　　　(b)

(c)　　　　　　(d)

(e)　　　　　　(f)

图 5.14　基于织物电极制备的厚电极和纤维电极及其电化学性能测试[186]
L-FPC0.2P 和 L-ACFC 厚电极组装的对称型超级电容器的(a)结构示意图和(b)恒电流充放电曲线;由 FPC0.2P 复合织物电极拆解得到的纤维电极的(c)比电容(插图示意了由 FPC0.2P 织物电极得到纤维电极的过程)、(d)循环伏安曲线、(e)恒电流充放电曲线(10 mA/cm²)和(f)循环性能(测试条件:100 mV/s 下的循环伏安测试;插图为第 1、500、10 000 和 20 000 圈循环伏安曲线)
Adapted from Ref. 186 with permission from Elsevier.

械柔性和优异的电化学性能,其面积比电容、长度比电容和体积比电容分别达到 805 mF/cm^2、98 mF/cm 和 83 F/cm^3;该纤维电极组装成的对称型超级电容器在 10 mA/cm^2 的充放电电流密度下能够输出 23 μW·h/cm^2 的面积比能量,此时的功率密度为 2290 μW/cm^2。该纤维电极在储能密度上显著优于很多文献里报道的微型电极[28,41-48,61,150,152]。按照上文所述,多层级结构的设计是 FPC0.2P 复合织物电极取得优异电化学性能的关键原因,而纤维电极与 FPC0.2P 具有一致的微观结构,因此高储能密度的取得也离不开这种多层级结构。此外,从 FPC0.2P 织物上拆解得到的纤维电极具有优异的循环稳定性,经过 20 000 次的超长循环,比电容仅衰减了 4%。纤维电极比 FPC0.2P 织物电极(图 5.11)更加稳定的原因可解释如下:活性碳纤维在纤维束中的排列比活性碳布织物中的更加有序和致密,因而纤维电极导电性更好[48,51,171];在尺寸上,纤维电极尺寸比织物电极尺寸小得多,更有利于电解液渗透整个电极内部,也有利于电子从集流体快速传输到活性物质;在扣式对称型超级电容器内部,各组件都处于受压应力状态,纤维电极因为面积小、单位面积受到的压力更大,电极内部碳纳米管、碳纤维等对聚苯胺的挤压作用更强,因而电化学反应过程中聚苯胺高分子链更不容易脱落。此外,需要指出,利用类似于 FPC0.2P 复合织物电极的制备工艺在纯活性碳纤维束(ACFB)上依次沉积聚苯胺、碳纳米管、聚苯胺,同样可以得到活性碳纤维束/聚苯胺/碳纳米管/聚苯胺复合织物电极(图 5.15),且其电化学性能与直接从 FPC0.2P 复合织物上"自上而下"拆解制得的纤维电极相近,但由于纯活性碳纤维束尺寸小,实际操作过程非常困难,这也是在本章和第 4 章提出基于复合织物电极"自上而下"制备高性能柔性纤维电极的重要原因。

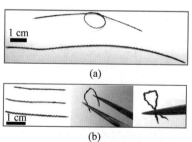

图 5.15　纤维电极的数码图片[186]

(a) 纯活性碳纤维束电极;(b) 在活性碳纤维束上依次沉积聚苯胺、碳纳米管、聚苯胺制得的柔性复合纤维电极[186]

Adapted from Ref. 186 with permission from Elsevier.

5.8　本章小结

本章提出了柔性电极多层级结构的概念,将柔性电极中能量存储位置从"活性碳纤维基底"(第 3 章研究内容)和"碳纤维基底＋活性碳纤维表面"(第 4 章研究内容)进一步拓展至"碳纤维基底＋活性碳纤维表面＋活性碳纤维之间的空间",实现了活性物质的立体式分布和能量的多位置存储。具体来说,我们详细研究了活性碳布基底内聚苯胺的沉积位置和负载量以及碳纳米管的存在等对于织物电极基本物性和电化学性能的影响,得到如下结论:

(1) 对于聚苯胺仅仅沉积在活性碳纤维表面得到的活性碳布/聚苯胺复合织物电极,聚苯胺具有较高的赝电容,聚苯胺的引入能够提高电极的面积比电容,但对于倍率性能的改善不明显;此时,单从改变聚苯胺沉积量来提升织物电极面积比电容和面积比能量是有限的,例如面积比电容最高为 $3320\ \mathrm{mF/cm^2}$。

(2) 在制备的多层级结构活性碳布/聚苯胺/碳纳米管/聚苯胺复合织物电极中,除活性碳纤维自身,聚苯胺作为另一种活性物质同时分布在活性碳纤维表面和活性碳纤维之间,这种结构设计实现了高载量活性物质在柔性电极内的均匀分布;同时,活性碳纤维/碳纳米管构成的微米-纳米多尺度碳材料 3D 导电网络以及电极内部多层次孔结构的存在为电子和离子的快速传输提供了可能。结果,这种多层级结构电极展现出较高的面积比电容、较高的面积比能量和较好的循环稳定性等。

(3) 制备的多层级结构活性碳布/聚苯胺/碳纳米管/聚苯胺复合织物展现出良好的机械柔性,在反复弯曲 1000 次后,电极储能密度保持率为 80%。

(4) 基于多层级结构活性碳布/聚苯胺/碳纳米管/聚苯胺的复合织物可以通过叠层方法制备具有更高面积比能量的厚电极,也可以通过"自上而下"的拆解方法制备高性能柔性纤维电极。

第6章　基于纸质基底制备柔性薄膜式电极与器件的研究

在第3～5章的内容里,我们主要研究了基于活性碳纤维织物制备的高性能柔性超级电容器电极。活性碳布和活性碳毡的厚度相对较大且机械强度相对较差,在一定场合下限制了其应用,如薄膜式电子器件。纸基柔性电极是一种重要的柔性薄膜式电极,是近些年柔性储能领域研究的热点之一[7,102-103,172-173]。纸质基底具有环保、低成本、柔性好等优点,其自身多孔的结构为活性物质的高负载提供了空间,纸质基底的基本组成单元大多具有粗糙的表面和丰富的羟基、羧基等化学官能团,有利于增强活性物质与基底之间的结合。在本章中,我们研究了柔性纸基电极和超级电容器的制备,分为两部分:第一部分为基于高柔韧纸基电极尝试制备可透气柔性超级电容器的研究,第二部分为通过层层组装策略制备兼具有高面积比电容和优异倍率性能的柔性纸基电极。

6.1　碳纳米管/二氧化锰/纸基电极制备可透气柔性超级电容器的研究

6.1.1　引言

良好的透气性是普通衣物所必需的特点。从该角度考虑,可穿戴储能器件,例如智能衣物等,也应当是可透气的。然而,在实际研究中,柔性可穿戴储能器件的透气性问题却一直被忽略。理论上,通过将柔性纤维超级电容器作为"纱线",并借助成熟的纺织工艺可以得到透气性较好的可穿戴织物超级电容器[15,28,45-46,60,150],如图6.1(a)所示。然而,目前尚不能够制备出柔性足够好、强度足够大、长度足够长、成本足够低的纤维状超级电容器"纱线"来满足纺织工艺的要求。本节提出了一种新的制备可透气柔性储能器件的策略,即在柔性平面式超级电容器上引入一定数量和尺寸的通孔以

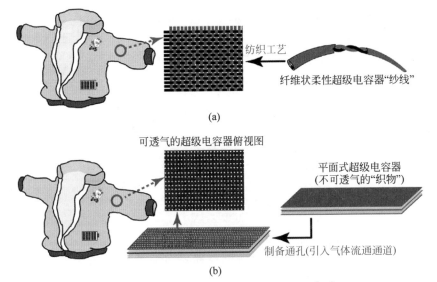

图 6.1　可透气智能衣服的两种制备策略[162]

(a) "自下而上"方法，即将柔性纤维超级电容器作为"纱线"纺织成织物；(b) "自上而下"方法，即在平面式柔性超级电容器表面引入通孔作为气体流通通道

Adapted from Ref. 162 with permission from Wiley-VCH.

作为气体流通通道，如图 6.1(b)所示。显然，为实现这种策略，使用的电极和超级电容器需要满足一定的要求：①超级电容器应当是固态的，引入通孔后电解质才不会流失；②电极应当具有足够的柔性、结构稳健性和较好的电化学性能；③通孔的引入不应当引起电极和超级电容器电化学性能的严重恶化。基于上述分析，拟通过如图 6.2 所示的步骤制备可透气的柔性超级电容器：①制备高柔韧的纸基电极；②将纸基电极与凝胶电解质组装成固态柔性超级电容器（由于凝胶自身是不透气的，此时组装的固态超级电容器也是不透气的）；③在组装的固态柔性超级电容器上引入一定数量和尺寸的通孔，通孔作为气体流通通道会使固态超级电容器变得透气。

在本节中，我们利用高柔韧的纸基电极制备了可透气的柔性超级电容器。选择无尘纸作为纸质基底，并负载碳纳米管和二氧化锰作为电化学活性物质。制备的碳纳米管/二氧化锰/纸基电极不仅具有良好的电化学性能，如优异的倍率性能和循环稳定性，同时具有良好的柔性，能够被反复弯曲、扭曲、自由剪裁成各种形状且保持电化学性能稳定。基于该电极和 PVA/KOH 凝胶电解质组装的固态超级电容器在不同弯曲形态下表现出稳定的超电容性能。在固态超级电容器表面引入通孔（孔径大小约

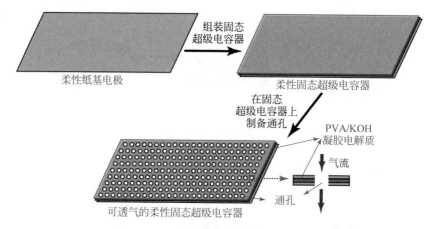

图 6.2   可透气柔性超级电容器的制备流程示意图[162]

Adapted from Ref. 162 with permission from Wiley-VCH.

$450\ \mu m$,密度为每平方厘米 100 个孔)后,器件变得透气,且电容值保持率为 94%,同时其仍具有良好的柔性,即实现了可透气的柔性储能。本节的研究内容在一定程度上有助于推动柔性储能器件走向实际的可穿戴应用。

6.1.2   试样制备与表征方法

将无尘纸浸渍到质量分数为 2 wt.% 的碳纳米管水系悬浊液中,随后取出在 80℃ 下充分干燥;将干燥后的碳纳米管/无尘纸再次浸渍碳纳米管水系悬浊液并烘干,重复该"浸渍-干燥"工艺 1~4 次,得到的样品记作 PxC 碳纳米管/纸基电极,其中,$x=1\sim4$ 代表"浸渍-干燥"的次数。将 P4C 碳纳米管/纸基电极浸入 0.1 mol/L 的高锰酸钾水溶液中反应 1~2 min(高锰酸钾与碳纳米管的反应方程式如式(4.1))[174-175],取出用去离子水洗去未反应的高锰酸钾溶液,随后在 80℃ 下烘干;当反应时间为 1 min 和 2 min 时,制备的碳纳米管/二氧化锰/纸基电极分别记作 PCM 和 PC2M。

利用扫描电子显微镜、透射电子显微镜、X-射线光电子能谱分析仪等对制备的纸基电极试样的微观形貌、组成成分等进行表征。利用打孔器在电极表面制备孔径为 2 mm 的通孔,利用包裹 PVA 的金属针在电极和固态超级电容器表面制备孔径为 $450\ \mu m$ 孔径的通孔。纸基电极的电化学性能通过将其组装成对称型扣式超级电容器进行表征,使用的电解液为 6 mol/L 的 KOH 水溶液。以 PCM 纸基电极和 PVA/KOH 凝胶电解质组装对称型固态超级电容器(固态超级电容器的组装流程在第 2 章已经详细介绍,在此不再赘述）。在电化学工作站上对上述器件进行循环伏安、恒电流充放电和交流阻抗谱测试。电极的面积比电容和对称型超级电容器的能量密度和功率密度等根据本书 2.3 节的相应公式计算。

6.1.3　碳纳米管/二氧化锰/纸基电极的基本物化属性

图 6.3(a)～(b)展示了无尘纸的数码图片和扫描电镜图片。无尘纸具有和普通 A4 打印纸相近的厚度，但更加柔韧。无尘纸由纤维素纤维和聚酯纤维构成（在下文的描述中，统称为"纸基纤维"）。如图 6.3(c)～(e)所示，

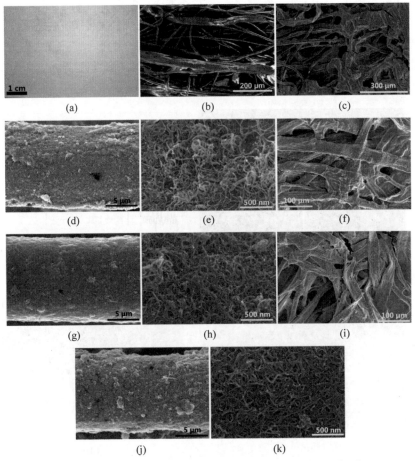

图 6.3　无尘纸基底和纸基电极的数码图片和微观形貌[162]
无尘纸基底的(a)数码图片和(b)扫描电镜图片；(c)～(e)P4C 碳纳米管/纸基电极的扫描电镜图片；碳纳米管/二氧化锰/纸基电极的扫描电镜图片：(f)～(h)PCM 和(i)～(k)PC2M
Adapted from Ref. 162 with permission from Wiley-VCH.

在 P4C 碳纳米管/无尘纸复合电极内部,碳纳米管相互缠绕分布在纸基纤维的表面和纤维之间。如图 6.3(f)~(k)所示,将二氧化锰沉积在 P4C 电极内部得到的 PCM 和 PC2M 碳纳米管/二氧化锰/纸基电极的扫描电镜图片显示,PCM 和 PC2M 具有类似的微观形貌,表明 P4C 在高锰酸钾溶液中的浸渍以及伴随发生的化学反应不会明显改变碳纳米管在纸基电极内部的组织形态。图 6.4 中的 EDS 图像显示,在碳纳米管/二氧化锰/纸基电极内部,Mn,O 和 C 元素呈现均匀分布状态;Mn 2p 能级特征峰的精细扫描 XPS 图谱显示 Mn 2p3/2 和 Mn 2p1/2 中心峰位及自旋能位差为 11.8 eV,与文献报道的 MnO_2 一致[153-156]。总之,EDS 和 XPS 分析表明了二氧化锰在碳纳米管/二氧化锰/纸基电极内部的均匀分布。透射电镜观察进一步确定了二氧化锰纳米颗粒(粒径约 5~15 nm)在碳纳米管表面的沉积;与此同时,先前的研究指出,当高锰酸钾水溶液与碳纳米管反应时,碳纳米管表面会包覆一层无定型的二氧化锰[174-175]。

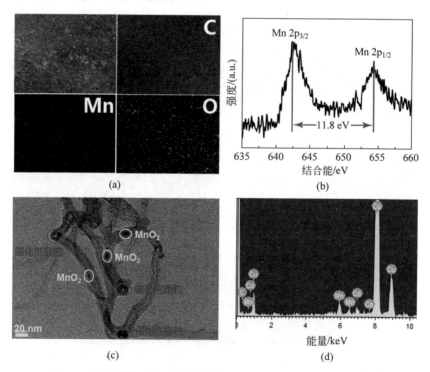

图 6.4 碳纳米管/二氧化锰/纸基电极的微观形貌和组成分析[162]

(a)扫描电镜图和对应的元素面分布;(b) XPS 分析;(c) 透射电镜图片和对应的(d)元素分析

Adapted from Ref. 162 with permission from Wiley-VCH.

如图 6.5 所示,PCM 碳纳米管/二氧化锰/纸基电极可任意裁剪为不同尺寸和形状,如宽度仅为数百微米的线型试样。PCM 碳纳米管/二氧化锰/纸基电极能够被反复弯曲、扭折和卷绕而不破裂;将一片 PCM 电极揉成纸

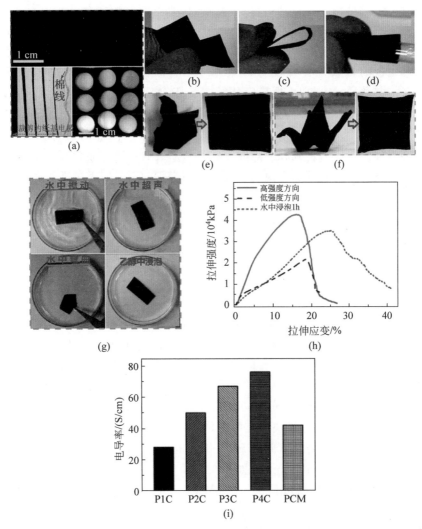

图 6.5　PCM 碳纳米管/二氧化锰/纸基电极的宏观物性展示[162]

PCM 电极柔性展示:(a) 裁剪成不同形状;(b) 扭折;(c) 弯曲;(d) 卷绕;(e) 揉成纸团后展开;(f) 折成纸鹤后展开;(g) PCM 电极在水中搅动、弯折或进行超声,以及在乙醇中浸泡;(h) PCM 电极沿不同方向或是浸水 1 h 后的拉伸曲线;(i) PxC 碳纳米管/纸基电极和 PCM 碳纳米管/二氧化锰/纸基电极的电导率

Adapted from Ref. 162 with permission from Wiley-VCH.

团或是折叠成纸鹤后展开,其能够基本保持原有的形貌,仅表面出现折痕。此外,将 PCM 电极在水中搅动、超声处理或弯折,以及在乙醇中浸泡等都不会引起电极中碳纳米管/二氧化锰的明显脱落,表明 PCM 电极具有非常稳健的微观结构。注意到,在电极内部,碳纳米管紧密缠绕在纸基纤维上,这种组织形态以及碳纳米管与纤维之间的范德华力是 PCM 电极具有如此稳健微观结构的原因[58,108]。如图 6.5(h)所示,PCM 碳纳米管/二氧化锰/纸基电极的最大拉伸强度可以达到 43 MPa,比纯无尘纸的拉伸强度高30%。与普通 A4 打印纸基底相比[162],PCM 纸基电极具有以下优势:①长时间浸泡在水中,PCM 仍具有较高的强度,而 A4 纸强度极差;②在拉伸断裂前,PCM 纸基电极会产生较大的应变而不会突然断裂,而 A4 纸在拉伸过程中当应力达到临界点时存在突然断裂的情况。显然,PCM 纸基电极的上述特征与常规衣料更为接近。碳纳米管的引入使无尘纸基底由绝缘材料转变为高导电材料:从图 6.5(i)可以看到,P4C 碳纳米管/纸基电极的电导率高达 76 S/cm(表面方阻为 0.5 Ω/sq)。二氧化锰在 P4C 电极上的沉积导致了纸基电极电导率的下降,尽管如此,PCM 碳纳米管/二氧化锰/纸基电极的电导率仍保持了 42 S/cm。

6.1.4 碳纳米管/二氧化锰/纸基电极的电化学性能与储能机理

我们随后测试了纸基电极的电化学性能。PCM 纸基电极组装的对称型扣式超级电容器的循环伏安曲线如图 6.6(a)~(b)所示。从低扫速到高达 10 V/s 的扫速下循环伏安曲线均具有较好的矩形形状,表明电极倍率性能优异,这与 PCM 纸基电极的多孔结构和高电导率密切相关[114,126,165]。图 6.6(c)~(d)的恒电流充放电测试和交流阻抗图谱测试给出了一致的结论。PCM 电极可以进行快速充放电,如在 20 mA/cm^2 的电流密度下完成一个充放电循环仅需 2 s,此时 PCM 纸基电极组装的对称型超级电容器的面积比功率达到 4 mW/cm^2。如图 6.6(e)所示,在 1 mA/cm^2 的电流密度下,该超级电容器最高可提供 4.2 μW·h/cm^2 的能量输出,相应的 PCM 电极比电容为 123 mF/cm^2。如图 6.6(f)所示,PCM 电极具有超长的循环寿命,经过 20 000 圈充放电循环,比电容保持率达 97.8%。相比之下,如图 6.7(a)~(c)所示,尽管 P4C 碳纳米管/纸基电极具有更高的电导率、良好的倍率性能和循环稳定性,但面积比电容和面积比能量显著低于 PCM 电极,如在 1 mA/cm^2 电流密度下的比电容仅为 35 mF/cm^2;而图 6.7(d)~(f)则表明,PC2M 纸基电极的比电容、倍率性能和循环稳定性均不及 PCM 电

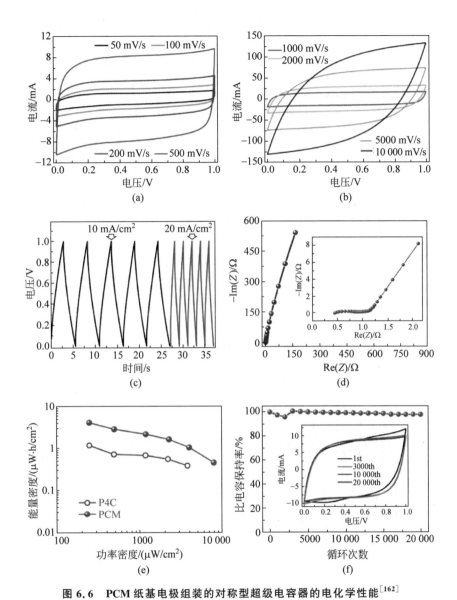

图 6.6　PCM 纸基电极组装的对称型超级电容器的电化学性能[162]

（a），（b）循环伏安曲线；（c）恒电流充放电曲线；（d）交流阻抗图谱（插图为高频区放大图）；
（e）能量密度-功率密度图（含 P4C 纸基电极超级电容器性能）；（f）循环稳定性（测试条件：1 V/s
下的循环伏安测试；插图为第 1 圈、第 3000 圈、第 10 000 圈和第 20 000 圈的循环伏安曲线）

Adapted from Ref. 162 with permission from Wiley-VCH.

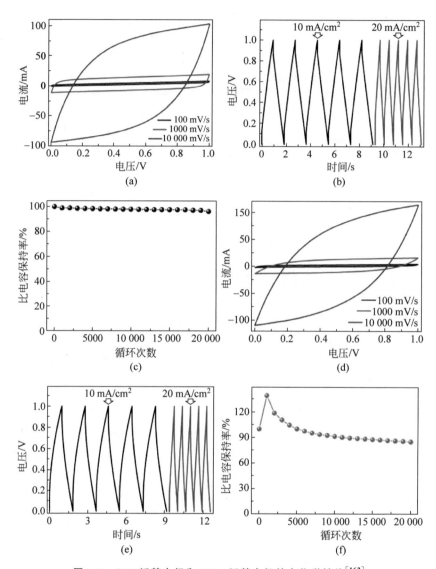

图 6.7   P4C 纸基电极和 PCM 纸基电极的电化学性能[162]

P4C 碳纳米管/纸基电极组装的对称型超级电容器的(a)循环伏安曲线、(b)恒电流充放电曲线和(c)循环稳定测试；PCM 碳纳米管/二氧化锰/纸基电极组装的对称型超级电容器的(d)循环伏安曲线、(e)恒电流充放电曲线和(f)循环稳定性测试

Adapted from Ref. 162 with permission from Wiley-VCH.

极,这主要与 PC2M 电极内部二氧化锰负载量高引起电极电学性能较差有关[51]。

　　PCM 纸基电极存储能量是通过两种途径,一种是电荷在碳纳米管表面的静电堆积,即碳纳米管提供双电层电容;另一种是碱性水溶液中二氧化锰表面发生的快速可逆的氧化还原反应[176-178],即二氧化锰提供高的赝电容。经计算,二氧化锰在 PCM 纸基电极中的比电容为 1162 F/g。需要说明的是,二氧化锰具有如此高的质量比电容是建立在其极低的负载量的基础上的。

6.1.5　碳纳米管/二氧化锰/纸基电极的机械柔性

　　除了良好的电化学性能,PCM 碳纳米管/二氧化锰/纸基电极还展现出了优异的机械柔性,能够承受多种形式的变形。如图 6.8(a)～(c)所示,将

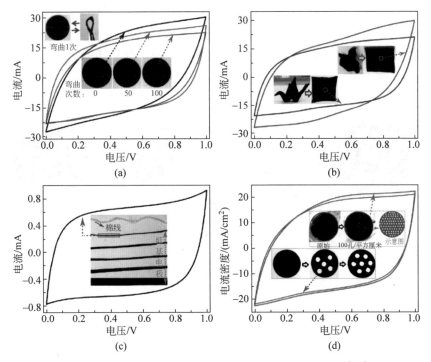

图 6.8　PCM 纸基电极经过不同变形后的循环伏安曲线[162]
(a) 反复弯曲;(b) 揉成团或折成纸鹤;(c) 裁剪成"线";(d) 冲孔。插图所示为电极各种变形时的数码照片

Adapted from Ref. 162 with permission from Wiley-VCH.

PCM 电极反复从 0°到 180°弯曲 50 次后,电极比电容几乎无衰减;当反复弯曲 100 次后,电极电容保持了 91%;将 PCM 揉成团或折成纸鹤的过程,仅使电极比电容分别衰减了 0 或 11%;将 PCM 电极裁剪为线性电极后,仍能够正常存储能量。此外,按照图 6.2 可透气超级电容器的设计思路,需在超级电容器上制备通孔。因此,必须评估制备通孔的过程对 PCM 电极机械性能和电化学性能的影响。应当指出,PCM 纸基电极自身为多孔结构,但组装为超级电容器后,电解质将填充电极内部的孔隙。在直径为 1.2 cm 的圆片状 PCM 电极上制备 5～7 个孔径为 2 mm 的大尺寸通孔或 113 个孔径为 450 μm 的小尺寸通孔,然后将其组装成对称型扣式超级电容器以表征其电化学性能,如图 6.8(d)所示。测试发现,通孔的引入并未引起 PCM 电极的电化学性能恶化。相反,由于通孔的存在促进了电解液对电极内部的浸润,反而对电极电化学性能有所提升。同时,这些通孔并未显著减弱电极的机械强度和柔性:如图 6.9 所示,在电极表面引入 7 个孔径为 2 mm 的大尺寸通孔后,电极仍可从 0°弯曲至 180°,且反复弯曲 200 次后电极的宏观形态保持完整。需要指出,对于其他多种柔性电极,如碳纤维布基的柔性电极,通孔的引入会造成电极结构的瓦解或/和电化学性能的严重恶化[162]。

初始状态　　　　　　弯曲成180°　　　　　反复弯曲200次后

图 6.9　PCM 纸基电极冲孔后的柔性展示

孔径:2 mm[162]

Adapted from Ref. 162 with permission from Wiley-VCH.

6.1.6　可透气柔性超级电容器的组装与性能

基于 PCM 纸基电极和 PVA/KOH 凝胶电解质,我们组装了对称型固态超级电容器,并在室温环境下对其进行电化学性能测试,结果如图 6.10 所示。当该固态超级电容器从 0°弯曲至 180°时,电容值基本保持不变,显示了其良好的机械柔性。随后,将该固态超级电容器引入通孔作为气体流通通道以设计可透气的超级电容器,孔径和孔密度分别为 450 μm 和每平

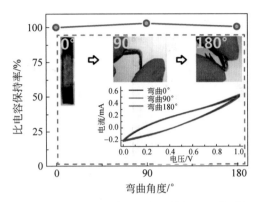

图 6.10　固态超级电容器在不同弯曲状态下的数码照片、循环伏安曲线和电容保持率[162]

Adapted from Ref. 162 with permission from Wiley-VCH.

方厘米 100 个孔。如图 6.11(a)所示,在引入通孔后,器件的电容值仅降低了 6%。凝胶电解质具有极高的黏度,因而通孔的存在并不能显著促进电解质对电极材料的浸润,这与图 6.8(d)水系电解液体系下的测试是不同的。PCM 高柔性的特征赋予了可透气固态超级电容器在变形过程中稳定的电化学行为。如图 6.11(b)所示,当该可透气超级电容器反复弯曲 200 次后,其电容值损失约 9%。高黏度特点使凝胶电解质在一定程度上起到了固定电极材料的作用,从而避免了 PCM 碳纳米管/二氧化锰/纸基电极中碳纳米管/二氧化锰活性物质的脱落,这也是上述可透气超级电容器具有良好机械柔性的部分原因,但最主要的原因还是 PCM 纸基电极自身稳健的微观结构(图 6.5 和图 6.8)。根据图 6.11(c)恒电流充放电测试的结果可以计算出,该可透气柔性超级电容器的电极比电容为 51~73 mF/cm^2,此时器件能够输出 1.8 μW·h/cm^2 的比能量,如图 6.11(d)所示。与图 6.6 和图 6.7 扣式超级电容器下的测试相比,该柔性器件的恒电流充放电曲线上出现了较大的电压降,主要因为:①离子在凝胶电解质中的扩散速度较慢,且凝胶电解质与电极材料之间的接触不及水系电解液与电极材料之间的接触良好[115,179];②可透气超级电容器上的通孔在一定程度上破坏了 PCM 纸基电极内部碳纳米管导电网络的连续性,引起电极电导率降低;③在实验过程中,固态柔性超级电容器的性能与组装工艺密切相关,不成熟的组装工艺将带来器件的高内阻。尽管如此,上述结果表明,制备的可透气固态柔性超级电容器在常态环境下能够正常充放电。

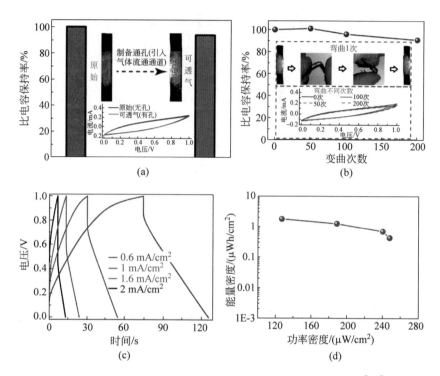

图 6.11　固态超级电容器冲孔前后的数码图片与电化学性能[162]

(a) 冲孔前后的数码照片、循环伏安曲线和比电容保持率；(b) 可透气固态超级电容器在不同弯曲状态下的数码图片、反复弯曲不同次数后的循环伏安曲线和比电容保持率；冲孔后的可透气固态超级电容器的(c)恒电流充放电曲线和(d)能量密度-功率密度图

Adapted from Ref. 162 with permission from Wiley-VCH.

　　我们进一步定量化评估了上述可透气超级电容器的透气性能。透气性测试装置如图 6.12(a) 所示，以气体流过测试试样前后产生的压力差作为衡量试样透气性能的标准[180]，压力差越小表明试样透气性越好。为了能够更直观地展示透气性这一指标，同时测试了普通棉布和实验服等试样的透气性，结果一并绘制在图 6.12(b)中。无尘纸因高度多孔而表现出良好的透气性；而 PCM 碳纳米管/二氧化锰/纸基电极内部由于碳纳米管/二氧化锰的引入显著降低了孔隙率，透气性变差；对于 PCM 电极组装的固态超级电容器，当未引入通孔时是不透气的，而当引入通孔后（通孔尺寸为450 μm，孔密度为每平方厘米 100 个），器件变得具有和无尘纸以及普通棉布布料同样优异的透气性。值得一提的是，该器件透气性水平可以通过改

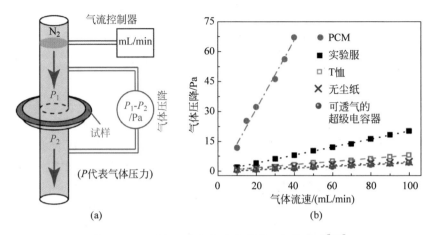

图 6.12　可透气固态超级电容器的透气性测试[162]

（a）测试设备示意图；（b）不同样品的透气性测试结果

Adapted from Ref. 162 with permission from Wiley-VCH.

变通孔的尺寸和孔密度进行调节。总之，上述讨论表明，本节内容成功制备了兼具良好透气性和柔性的超级电容器。在后续的研究中，将进一步提高可透气柔性超级电容器的电化学性能并详细研究通孔结构的存在对于器件诸如使用寿命等在内的综合性能的影响。

6.1.7　本节小结

本节开展了基于高柔性纸基电极制备可透气柔性超级电容器的研究，得到以下结论：

（1）碳纳米管/二氧化锰/无尘纸基电极具有高的微观结构稳健性、优异的机械柔性和较好的电化学性能；其中，稳健的微观结构和优异的机械柔性与纸基纤维的架构形态和碳纳米管（及负载的二氧化锰）的组织形态有关，而电化学性能来源于碳纳米管的双电层电容和二氧化锰的赝电容。

（2）以碳纳米管/二氧化锰/无尘纸基电极和凝胶电解质组装的固态超级电容器，在其表面引入通孔作为气体流通通道后，得到的器件兼具良好透气性和机械柔性，在常态环境下能够进行正常的能量存储，是一种可透气的柔性储能器件。

6.2 兼具有高面积比电容和优异倍率性能的柔性纸基电极的研究

6.2.1 引言

柔性薄膜式超级电容器电极(含柔性纸基电极)一般是通过将电化学活性物质沉积于柔性薄膜基底上制得[7-8,13]。对于已报道的大部分柔性薄膜式电极,沉积的活性物质具有高质量比电容,但其在电极中的负载量往往很低[86,162,166,181-185],导致整个电极的面积比电容通常不超过 200 mF/cm^2。可见,柔性薄膜式电极的高面积比电容和高面积比能量的取得不仅依赖于选择高性能的电化学活性物质,而且需要提高活性物质的负载量[77,103,186]。这与本书多次提到的观点是一致的。然而对于薄膜式电极,提高的活性物质负载量一般意味着离子、电子传输距离的增加,同时容易伴随活性物质纳米颗粒的团聚和导电性能的恶化,最终反而不能够有效改善电极的电化学性能[77,166,173]。例如,Sumboja 等人报道的一种柔性石墨烯/二氧化锰复合薄膜[77],其活性物质含量为 3.7 mg/cm^2,尽管其在 0.1 A/g 电流密度下的面积比电容为 802 mF/cm^2,但当电流密度提高至 1 A/g 时,面积比电容迅速衰减至 300 mF/cm^2,表明其倍率性能较差;相似地,Yuan 等人以普通的打印纸作为柔性基底[173],并负载 3.54 mg/cm^2 的聚吡咯,该聚吡咯/纸基电极的面积比电容能够达到约 900 mF/cm^2(测试电流密度为 5 mA/cm^2),但是当电流密度从 1 mA/cm^2 升高至 20 mA/cm^2 时,电极比电容保持率仅为 44%,这主要是由聚吡咯颗粒团聚以及聚吡咯自身倍率性能不佳决定的。电极较差的倍率性能无疑会对组装的超级电容器诸如功率密度在内的综合电化学性能带来负面影响。总之,制备兼具较高面积比电容和良好倍率性能的柔性薄膜式电极仍然是可穿戴/便携式超级电容器走向实际应用的关键步骤。

本节提出了一种简单有效地制备兼具高面积比电容和良好倍率性能的柔性纸基电极的策略,即将碳纳米管/聚苯胺复合网络层层沉积在柔性无尘纸基底内部[187]。具体来说,将碳纳米管和聚苯胺先后引入到无尘纸基底中以形成 1 层碳纳米管/聚苯胺复合网络,在最优化条件下(如最佳的聚苯胺沉积量),该碳纳米管/聚苯胺复合网络展现出 323 mF/cm^2 的面积比电容和优异的倍率性能;以此为基础,通过反复、交替沉积碳纳米管和聚苯胺,成功将 1～4 层碳纳米管/聚苯胺复合网络组装在无尘纸基底内部。实验结果显示,随着沉积的碳纳米管/聚苯胺复合网络层数的增加,制备的纸基电极面积比电容不断提高、并始终保持较好的倍率性能。当沉积 4 层碳纳米管/聚苯胺复合网络时,纸基电极在 10 mA/cm^2 和 100 mA/cm^2 电流密度下的面积比电容分别达到了 1506 mF/cm^2 和 1298 mF/cm^2;电极经过 11500 次充放电循环后的比电容保持率约为 82%,显示出了良好的循环稳定性;同时,该电极展现出了优异的机械柔性,能够反复弯曲变形乃至折叠成不同的复杂形状。此外,对该纸基电极具有优异电化学性能的潜在原因进行了深入探讨。本节的研究内容有望为优化高载量活性物质在柔性电极中的分布形态并制备高比能量的可穿戴/便携式储能器件提供新的思路。

6.2.2　试样制备与表征方法

　　碳纳米管/纸基电极的制备:利用"浸渍-干燥"方法制备碳纳米管/无尘纸基电极,即将无尘纸作为基底浸渍在质量分数为 2 wt.% 的碳纳米管水系悬浊液中,取出并于 60℃ 下烘干得到 A(2C)1 碳纳米管/无尘纸电极。将 A(2C)1 纸基电极浸渍到质量分数为 2 wt.% 的碳纳米管水系悬浊液中,取出并于 60℃ 下烘干得到 A(2C)2 碳纳米管/无尘纸电极。以此方法,可以得到 A(2C)3 和 A(2C)4 碳纳米管/无尘纸电极。本节中的碳纳米管在各种电极上的沉积均通过上述"浸渍-干燥"工艺实现。

　　聚苯胺/纸基电极的制备:利用化学氧化聚合的方法制备聚苯胺/无尘纸基电极,即将无尘纸作为基底浸渍在苯胺与过硫酸铵的混合盐酸溶液中,于 20℃ 下反应 6 h(混合溶液中盐酸的浓度为 1 mol/L,苯胺和过硫酸的物质的量比固定为 4:1),取出后用去离子水洗净未反应的苯胺并于 60℃ 下烘干。当苯胺与过硫酸铵的混合盐酸溶液中苯胺的浓度为 0.1 mol/L 和 0.5 mol/L 时,将制备的聚苯胺/无尘纸样品分别记作 A(0.1P)1 和 A(0.5P)1。本节中的聚苯胺在各种电极上的沉积均按照上述化学氧化聚合工艺。这里选择化学氧化聚合方法在无尘纸或其他纸基电极上沉积聚苯胺而不是电化学沉积方法的原因在于前者适合纸基电极的大批量制备、可重复性好,并且在一般情况下,虽然前者制备得到的聚苯胺电化学性能比后者制备的性能低、但相差不大(特别是当聚苯胺负载量较高时)。

　　将碳纳米管/聚苯胺复合网络层层沉积在无尘纸基底内部,具体步骤为:在 A(2C)1 碳纳米管/无尘纸电极上沉积聚苯胺,得到含有 1 层碳纳米管/聚苯胺复合网络的纸基电极,记作 A(2CxP)1。其中,x 代表沉积聚苯胺时使用的苯胺与过硫酸铵的混合盐酸溶液中苯胺的浓度(mol/L);在 A(2CxP)1 电极内部依次沉积碳纳米管和聚苯胺,可制得含有 2 层碳纳米管/聚苯胺复合网络的纸基电极,记作 A(2CxP)2;以此类推,制备含有 n 层碳纳米管/聚苯胺复合网络的纸基电极,记作 A(2CxP)n。

借助扫描电子显微镜、透射电子显微镜和四探针测试仪等对上述制备的纸基电极的微观结构和电学性能等进行表征。为测试电极的电化学性能,将电极组装成对称型扣式超级电容器。其中,电解液为 1 mol/L 的 H$_2$SO$_4$ 水溶液。组装的超级电容器静置待电解液充分浸润电极后再在电化学工作站上进行循环伏安测试、恒电流充放电测试和交流阻抗谱测试。电极的面积比电容和对称型超级电容器的能量密度和功率密度等根据2.3节的相应公式计算。为表征制备的纸基电极的机械柔性,将直径为 1.2 cm 的圆片形纸基电极从 0°～180°反复弯曲 0～1000 圈,随后组装成对称型扣式超级电容器并进行电化学性能测试。

6.2.3　碳纳米管-聚苯胺单层复合网络/纸基电极的基本物化属性

由聚酯纤维和纤维素纤维构成的无尘纸具有多孔结构和良好的机械柔性,因此适合作为柔性电极的结构基底,其微观形貌如图 6.13(a)所示。当碳纳米管被引入无尘纸基底内部得到 A(2C)1 碳纳米管/纸基电极时,碳纳米管以多孔网络的组织形态杂乱分布于无尘纸基底内部,如图 6.13(b)～(c)所示。

随后在 A(2C)1 电极上沉积聚苯胺得到碳纳米管-聚苯胺单层复合网络/纸基电极 A(2CxP)1。其中,x 代表沉积聚苯胺时使用的苯胺与过硫酸

(a)　　　　　　　　　(b)　　　　　　　　　(c)

图 6.13　无尘纸基底和纸基电极的微观形貌[187]

(a)原始无尘纸基底的扫描电镜片;(b)A(2C)1 碳纳米管/纸基电极的扫描电镜图片和(c)内部碳纳米管网络的放大图;(d)A(2C0.1P)1,(e)A(2C0.3P)1 和(f)A(2C0.5P)1 纸基电极内部碳纳米管-聚苯胺复合网络的扫描电镜图片(插图为电极的低倍扫描电镜图片);(g),(h)A(2C0.7P)1 纸基电极的扫描电镜图片

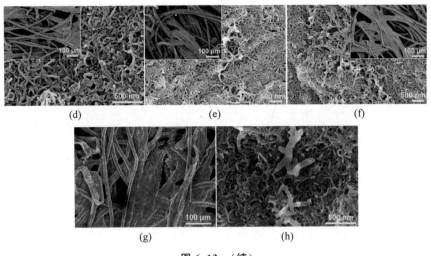

(d)　　　　　　　(e)　　　　　　　(f)

(g)　　　　　　　　(h)

图 6.13　（续）

铵的混合盐酸溶液中苯胺的浓度（mol/L）。A$(2CxP)1$ 纸基电极的扫描电镜图片如图 6.13(d)～(h)所示。聚苯胺的沉积没有明显改变 A(2C)1 碳纳米管/纸基电极的微观形貌,但能够明显观察到碳纳米管网络表面分布的聚苯胺纳米颗粒:如图 6.14 所示,当聚苯胺负载量较低时,如在 A(2C0.1P)1 纸基电极中,聚苯胺主要包覆在碳纳米管表面,使碳纳米管的平均直径增加至 30 nm(不含聚苯胺的碳纳米管/纸基电极中碳纳米管的平均直径为 14 nm);而当聚苯胺负载量较高时,如在 A(2C0.5P)1 纸基电极中,聚苯胺

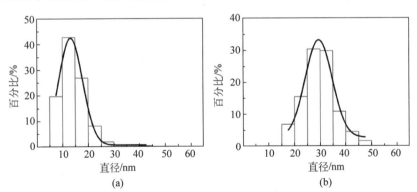

(a)　　　　　　　　　　　(b)

图 6.14　不同纸基电极内部碳纳米管或聚苯胺纳米纤维的直径分布统计图[187]

(a) 碳纳米管/纸基电极中碳纳米管的直径分布统计图;(b) A(2C0.1P)1 和(c)A(2C0.5P)n 纸基电极中包覆了聚苯胺的碳纳米管的直径分布统计图;(d) A(2C0.5P)n 纸基电极中聚苯胺纳米纤维的直径分布统计图

Adapted from Ref. 187 with permission from The Royal Society of Chemistry.

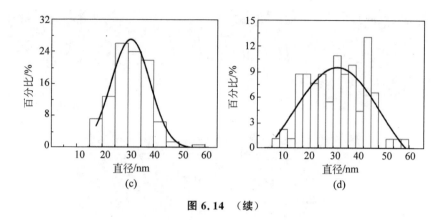

图 6.14　（续）

不仅包覆在碳纳米管表面使碳纳米管平均直径进一步增大至 31 nm，而且部分聚苯胺将独立形成直径约 73 nm 的纳米纤维[89,161,187]。由于本实验中使用的碳纳米管未经修饰、表面基本不含羟基和羧基等官能团，碳纳米管和聚苯胺属于非共价键结合，但二者之间存在聚苯胺醌型环与碳纳米管表面石墨结构之间的 π—π 键相互作用，有利于电荷在聚苯胺与碳纳米管之间的传递[188-190]。对于 A(2C0.5P)1 纸基电极，聚苯胺的负载量为 0.39 mg/cm^2，电导率则达到 18 S/cm。

6.2.4　碳纳米管-聚苯胺单层复合网络/纸基电极的电化学性能

　　我们研究了 A(2C)1 碳纳米管/纸基电极和 A(2CxP)1 碳纳米管-聚苯胺单层复合网络/纸基电极的电化学性能。上述电极组装的对称型扣式超级电容器的循环伏安曲线展示在图 6.15 中。A(2C)1 碳纳米管/纸基电极在 5 mV/s 扫速下的面积比电容仅为 38 mF/cm^2，这是因为电极内部只有碳纳米管提供双电层电容，且其电容值很小（计算可知，碳纳米管的质量比电容为 26 F/g；当整个碳纳米管/纸基电极的质量被考虑进去时，电极的质量比电容不足 6 F/g）。对于 A(2CxP)1 碳纳米管-聚苯胺单层复合网络/纸基电极，由电极循环伏安曲线上的氧化还原峰可以看出，聚苯胺的引入为电极提供了高的赝电容[63,87,191]；A(2C0.5P)1 纸基电极的面积比电容值达到最高，为 263 mF/cm^2（5 mV/s 扫速），比 A(2C)1 碳纳米管/纸基电极提高了 592%，比其他 A(2CxP)1 碳纳米管-聚苯胺单层复合网络/纸基电极提高了 6%～48%，如图 6.15(f)所示，这一数值也高于或接近于很多文献报道的柔性薄膜式电极的面积比电容[68,162,166,183,192-194]。根据式(6.1)，

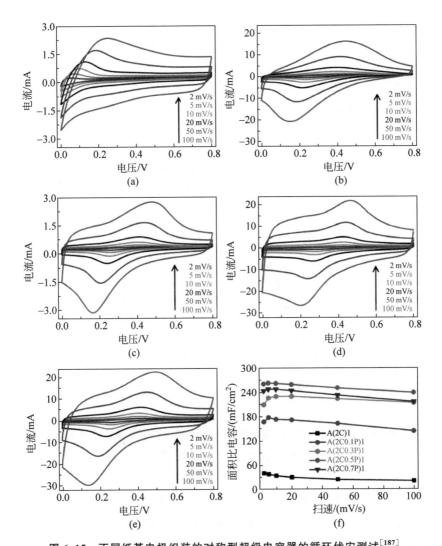

图 6.15　不同纸基电极组装的对称型超级电容器的循环伏安测试[187]

（a）A(2C)1 碳纳米管/纸基电极；（b）A(2C0.1P)1,（c）A(2C0.3P)1,（d）A(2C0.5P)1 和
（e）A(2C0.7P)1 碳纳米管-聚苯胺单层复合网络/纸基电极；（f）上述电极的面积比电容值汇总

Adapted from Ref. 187 with permission from The Royal Society of Chemistry.

A(2C0.5P)1 纸基电极中聚苯胺的质量比电容为 577 F/g。

$$C_{\mathrm{m,PANI}} = \frac{C_{\mathrm{s,A(2C0.5P)1}} - C_{\mathrm{s,A(2C)1}}}{m_{\mathrm{PANI}}} \qquad (6.1)$$

其中，$C_{s,A(2C0.5P)1}(mF/cm^2)$ 和 $C_{s,A(2C)1}(mF/cm^2)$ 分别是 A(2C0.5P)1 和 A(2C)1 纸基电极的面积比电容，$m_{PANI1}(mg/cm^2)$ 是 A(2C0.5P)1 电极中聚苯胺的负载量。

得益于碳纳米管-聚苯胺复合网络高的电导率和多孔结构，A(2C0.5P)1 纸基电极展现出优异的倍率性能：当循环伏安测试扫速由 2 mV/s 提高至 100 mV/s 时，电极面积比电容保持率高达 92%。与 A(2C0.5P)1 纸基电极相比，A(2C0.7P)1 电极的面积比电容和倍率性能均有所下降，应当与聚苯胺高负载量下聚苯胺纳米纤维颗粒的粗化、碳纳米管-聚苯胺复合网络变致密以及较大的电荷转移阻抗有关，如图 6.13(g)~(h) 和图 6.16 所示[89,102]。

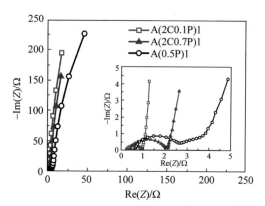

图 6.16 单层碳纳米管-聚苯胺复合网络/纸基电极以及聚苯胺/纸基电极的交流阻抗图谱（插图为高频区放大图）[187]

Adapted from Ref. 187 with permission from The Royal Society of Chemistry.

将聚苯胺直接沉积在无尘纸基底上制备的聚苯胺/纸基电极的电化学性能则远不及 A(2CxP)1 碳纳米管-聚苯胺单层复合网络/纸基电极。在聚苯胺/纸基电极中（图 6.17），聚苯胺颗粒零散分布在无尘纸基底内部，无法形成连续的导电网络，因而电极电导率极低，如 A(0.1P)1 纸基电极电导率仅为 0.03 S/cm。这意味着电子在聚苯胺/纸基电极内部无法有效传输，造成大部分聚苯胺颗粒未能参与电化学储能反应，这与图 6.16 交流阻抗图谱上显示的 A(0.5P)1 纸基电极具有大的电荷转移阻抗信息一致。所以不难得到结论，在 A(2CxP)1 碳纳米管-聚苯胺单层复合网络/纸基电极中，碳纳米管不仅作为聚苯胺附着的结构支撑体，同时能够改善聚苯胺的电学和电化学性能。

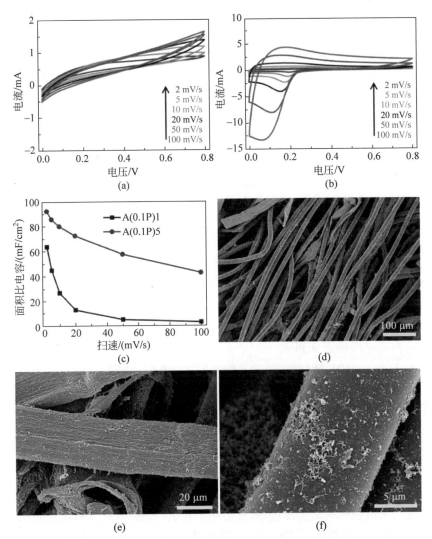

图 6.17　聚苯胺/纸基电极的循环伏安测试和扫描电镜图片[187]

(a) A(0.1P)1 和(b) A(0.5P)1 聚苯胺/纸基电极组装的对称型超级电容器的循环伏安曲线；

(c) 上述电极的面积比电容汇总；(d)～(f) A(0.5P)1 纸基电极的扫描电镜图片

Adapted from Ref. 187 with permission from The Royal Society of Chemistry.

6.2.5　碳纳米管-聚苯胺多层复合网络/纸基电极的基本物化属性

如上文所述，A(2C0.5P)1 碳纳米管-聚苯胺单层复合网络/纸基电极展现出了优异的倍率性能,但即使在最优化的聚苯胺沉积量条件下,电极的最高面积比电容值也不超过 263 mF/cm^2(5 mV/s 扫速);实际上,在最佳的聚苯胺沉积量条件下,聚苯胺的质量比电容已高达 577 F/g,故造成纸基电极面积比电容不高的最主要原因是电极中聚苯胺的负载量处于较低水平(而非沉积的聚苯胺质量比电容低)。因此,综合考虑电极中的电子传导和活性物质的分散等因素,本节实验通过反复、交替沉积碳纳米管和聚苯胺的方法将碳纳米管-聚苯胺复合网络层层堆积在无尘纸基底内部,在提高聚苯胺负载量的同时,保证了电极优异的电学性能。考虑在 A(2CxP)1 碳纳米管-聚苯胺单层复合网络/纸基电极中,A(2C0.5P)1 具有最佳的电化学性能,在制备 A(2CxP)n 碳纳米管-聚苯胺多层复合网络/纸基电极的过程中,聚苯胺的沉积总是采用苯胺浓度为 0.5 mol/L 的苯胺与过硫酸铵的混合盐酸溶液(保持 $x=0.5$),得到的织物电极记作 A(2C0.5P)n。此外,我们制备了 A(2C0.1P)n 纸基电极(电极制备过程中,聚苯胺的沉积总是采用苯胺浓度为 0.1 mol/L 的苯胺与过硫酸铵的混合盐酸溶液)作为对比。应当指出,无尘纸基底高的孔隙率为容纳碳纳米管-聚苯胺多层复合网络提供了可能;反过来说,碳纳米管-聚苯胺复合网络的多层堆积也是对无尘纸基底内部空间的充分利用。

　　A(2C0.5P)n 碳纳米管-聚苯胺多层复合网络/纸基电极的扫描电镜图片和电导率测试结果如图 6.18 所示。随着 A(2C0.5P)n 纸基电极中碳纳米管-聚苯胺复合网络沉积层数的增加,更多的碳纳米管被引入电极内部,碳纳米管作为导电填充材料显著提高了电极的电导率,这与 A(2C)1,A(2C)2,A(2C)3,A(2C)4 碳纳米管/纸基电极是一致的。如图 6.18(d)~(f)所示,A(2C0.5P)2,A(2C0.5P)3 和 A(2C0.5P)4 纸基电极内部最上层的碳纳米管-聚苯胺复合网络具有和 A(2C0.5P)1 纸基电极内部碳纳米管-聚苯胺复合网络相似的微观形貌,间接表明了在 A(2C0.5P)4 纸基电极内部,聚苯胺分布在各层碳纳米管网络上;即使从 A(2C0.5P)n 纸基电极的制备过程上看,这种推测也是合理的。然而这并不意味着 A(2C0.5P)4 纸基电极内部的碳纳米管-聚苯胺复合网络具有典型的层状结构,如图 6.19 所示的 A(2C0.5P)4 纸基电极的截面图,其原因在于单层碳纳米管网络上的聚苯胺是零散分布的、未形成连续的聚苯胺层,因而后续沉积的碳纳米管将会与先前沉积的碳纳米管缠绕在一起形成一体化的网络而非分层结构。因此可以利用图 6.18(e)的示意图描述 A(2C0.5P)4 纸基电极中碳纳米管-聚苯胺多层复合网络的结构。层层堆积的碳纳米管-聚苯胺复合网络大幅提升了

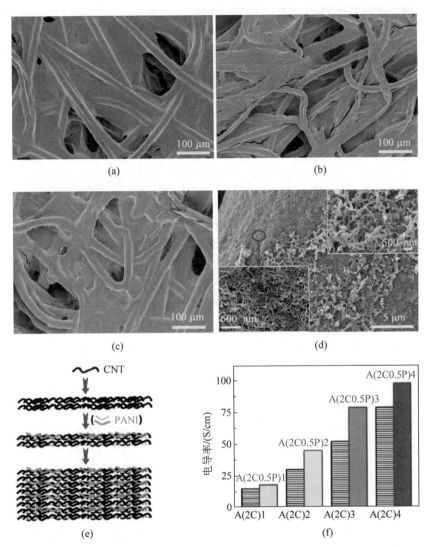

图 6.18　多层碳纳米管-聚苯胺复合网络/纸基电极的微观形貌和电学性能[187]

(a) A(2C0.5P)2,(b) A(2C0.5P)3 和(c)A(2C0.5P)4 纸基电极的扫描电镜图片；(d) 上述电极内部碳纳米管-聚苯胺复合网络的扫描电镜图片(左下角和右上角插图所示分别为聚苯胺包覆的碳纳米管和独立的聚苯胺纤维)；(e) A(2C0.5P)4 纸基电极内部碳纳米管-聚苯胺多层复合网络结构示意图；(f) A(2C0.5P)n 纸基电极和碳纳米管/纸基电极的电导率

Adapted from Ref. 187 with permission from The Royal Society of Chemistry.

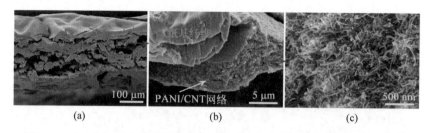

图 6.19　A(2C0.5P)4 纸基电极截面区域在不同倍数下的扫描电镜图片[187]

(a) 200 倍；(b) 5000 倍；(c) 50 000 倍

Adapted from Ref. 187 with permission from The Royal Society of Chemistry.

A(2C0.5P)4 纸基电极中的碳纳米管/聚苯胺含量，一方面赋予了电极高达 98 S/cm 的电导率，另一方面将聚苯胺的负载量提高至 3.3 mg/cm² (纸基电极厚度约 210 μm)；同样重要的是，这种电极制备方法有效避免了聚苯胺负载量较高时在电极中的严重团聚(下文中将会详细讨论)。

6.2.6　碳纳米管-聚苯胺多层复合网络/纸基电极的电化学性能

将 A(2C0.5P)n 碳纳米管-聚苯胺多层复合网络/纸基电极组装成对称型扣式超级电容器以对其进行电化学性能表征。超级电容器的循环伏安曲线如图 6.20(a)～(c)所示，基于其计算的比电容数据汇总于图 6.20(d)～(e)。随着堆积的碳纳米管-聚苯胺复合网络层数 n 的增加，A(2C0.5P)n 纸基电极的面积比电容不断提高：在 2 mV/s 扫速下，A(2C0.5P)1，A(2C0.5P)2，A(2C0.5P)3 和 A(2C0.5P)4 纸基电极的面积比电容分别为 261 mF/cm²，584 mF/cm²，791 mF/cm² 和 1330 mF/cm²，显著高于不含聚苯胺的碳纳米管/纸基电极(图 6.21)。应当指出，A(2C0.5P)n 纸基电极的面积比电容与电极内部堆积的碳纳米管-聚苯胺复合网络层数 n 之间不是线性关系，这是由于在沉积的每层碳纳米管-聚苯胺复合网络上聚苯胺的负载量和质量比电容都是不同的，例如根据式(6.2)可得，聚苯胺在 A(2C0.5P)1 和 A(2C0.5P)4 纸基电极中的质量比电容分别为 577 F/g 和 387 F/g。

$$C_{m,PANI} = \frac{C_{s,A(2C0.5P)n} - C_{s,A(2C)n}}{m_{PANI}} \quad (n=1,2,3,4) \quad (6.2)$$

其中，$C_{s,A(2C0.5P)n}$(mF/cm²) 和 $C_{s,A(2C)n}$(mF/cm²) 分别是 A(2C0.5P)n 碳纳米管-聚苯胺多层复合网络/纸基电极和 A(2C)n 碳纳米管/纸基电极的面积比电容，m_{PANI}(mg/cm²) 为 A(2C0.5P)n 纸基电极中聚苯胺的负载量。尽管如此，对于 A(2C0.5P)n 纸基电极组装成的对称型扣式超级电容

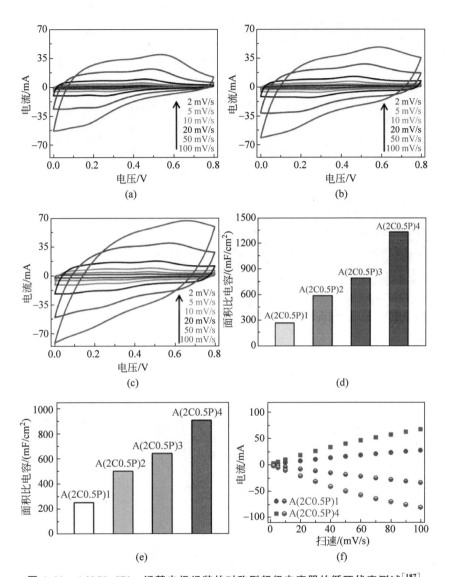

图 6.20　A(2C0.5P)n 纸基电极组装的对称型超级电容器的循环伏安测试[187]

(a)A(2C0.5P)2,(b)A(2C0.5P)3 和(c)A(2C0.5P)4 纸基电极组装的对称型超级电容器的循环伏安曲线;上述纸基电极在(d)2 mV/s 和(e)50 mV/s 扫速下的面积比电容汇总;(f)A(2C0.5P)1 和 A(2C0.5P)4 纸基电极组装的对称型超级电容器在不同扫速下的循环伏安曲线上的最大充/放电电流

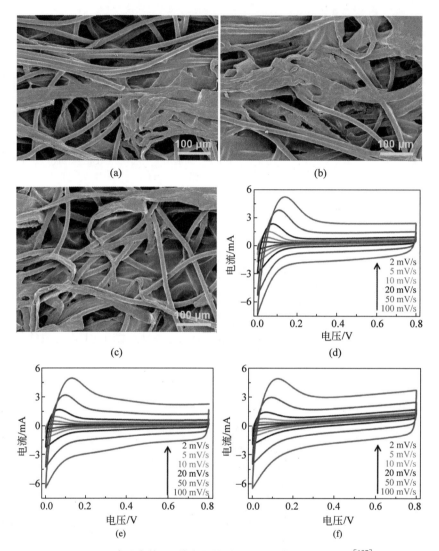

图 6.21　碳纳米管/纸基电极的微观形貌和循环伏安测试[187]

(a)A(2C)2,(b)A(2C)3 和(c)A(2C)4 电极的扫描电镜图片；(d)A(2C)2,(e)A(2C)3 和
(f)A(2C)4 电极组装的对称型超级电容器的循环伏安曲线

Adapted from Ref. 187 with permission from The Royal Society of Chemistry.

器,如图 6.15(d)和图 6.20(a)～(c),在其 2～100 mV/s 扫速下的循环伏
安曲线上总是能够观察到氧化还原峰的存在,且如图 6.20(f)所示,循环伏
安曲线上最大充电电流和最大放电电流与扫速基本成线性关系,表明

A(2C0.5P)n 纸基电极的电化学反应迅速,并且聚苯胺能够很好地参与储能过程[47,113]。

　　进一步采用恒电流充放电技术表征了 A(2C0.5P)n 碳纳米管-聚苯胺多层复合网络/纸基电极的电化学行为,结果如图 6.22(a)~(d)所示。在充放电电流密度为 5~100 mA/cm^2 条件下得到的恒电流充放电曲线均呈现出对称性良好的倒 V 型,是超级电容器电极的典型特征之一[42]。基于恒电流充放电曲线计算了 A(2C0.5P)n 纸基电极的面积比电容,并汇总于图 6.22(e)。在特定的电流密度下,随着电极内部堆积的碳纳米管-聚苯胺复合网络的层数 n 的增加,电极的面积比电容显著提高:在 10 mA/cm^2 电流密度下,电极比电容从 A(2C0.5P)1 的 323 mF/cm^2 升高至 A(2C0.5P)4

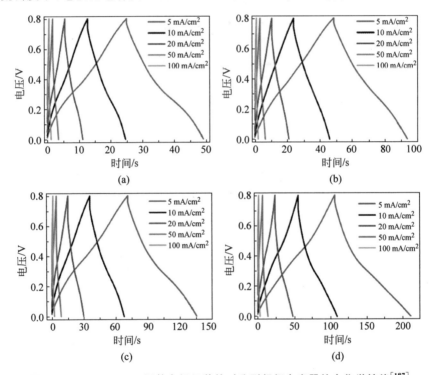

图 6.22　A(2C0.5P)n 纸基电极组装的对称型超级电容器的电化学性能[187]
(a)A(2C0.5P)1,(b)A(2C0.5P)2,(c)A(2C0.5P)3 和(d)A(2C0.5P)4 纸基电极组装的对称型超级电容器的恒电流充放电曲线;(e)各电极在不同电流密度下的面积比电容汇总;上述对称型超级电容器的(f)交流阻抗图谱和(g)能量密度-功率密度图;(h)A(2C0.5P)4 纸基电极的循环性能测试

Adapted from Ref. 187 with permission from The Royal Society of Chemistry.

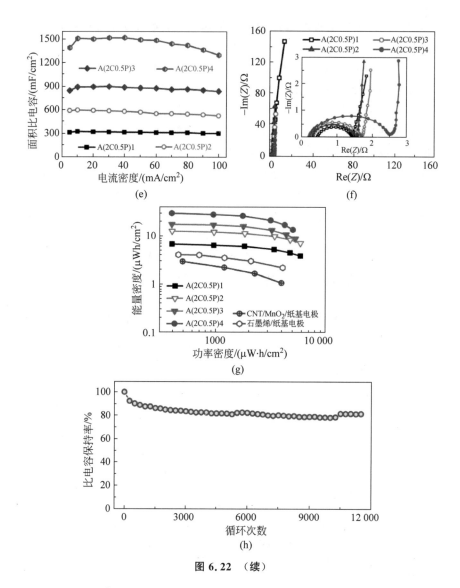

图 6.22　（续）

的 1506 mF/cm²。重要的是，A(2C0.5P)n 纸基电极同时展现出了良好的倍率性能。以 A(2C0.5P)4 电极为例，其在 100 mA/cm² 大电流密度下的面积比电容仍保持了 1298 mF/cm²。不可避免地，纸基电极内部碳纳米管-聚苯胺复合网络层数的增加将引起电子和离子传输距离的延长，导致电极倍率性能出现一定程度上的衰减。但整体看来，A(2C0.5P)4 纸基电极同时具备了高的面积比电容和良好的倍率性能。此外，按照整个纸基电极的质量计算,A(2C0.5P)4 的质量比电容达到 130 F/g,在报道的柔性薄膜式电极中处于较高水平[162,166]。从图 6.22(f)的交流阻抗图谱可知,A(2C0.5P)n 纸基电极的电荷转移阻抗均较小,为 2.0～4.8 Ω·cm^2(拟合值),表明电极内部的电子和离子传输较为容易,从而有利于电极良好倍率性能的实现[52,68]。

A(2C0.5P)4 纸基电极组装的对称型扣式超级电容器在 391 μW/cm^2 的功率密度下能够提供 29.4 μW·h/cm^2 的面积比能量,而在 5068 μW/cm^2 的功率密度下仍能提供 13.5 μW·h/cm^2 的面积比能量。图 6.22(g)直观地显示出 A(2C0.5P)4 存储能量和输出功率的能力要优于 A(2C0.5P)1、A(2C0.5P)2,A(2C0.5P)3 以及文献报道的碳纳米管/二氧化锰/纸基电极[162]、石墨烯/纸基电极[166]等。

纯聚苯胺由于充放电过程中存在大的体积膨胀/收缩,导致循环寿命较差[89,93,167]。在 A(2C0.5P)4 纸基电极内部,大部分聚苯胺被挤压在碳纳米管网络之间,在一定程度上抑制了聚苯胺高分子链的膨胀/收缩和剥落,因而电极显示出较好的循环稳定性:在 50 mA/cm^2 电流密度下连续充放电 11 500 次后,电极比电容保持了初始值的 82%。

6.2.7　纸基电极的电化学性能与微观结构关系研究

我们从电子传导、离子传输、活性物质纳米颗粒的分散和高效利用角度尝试探究 A(2C0.5P)4 碳纳米管-聚苯胺多层复合网络/纸基电极具有优异电化学性能的微观机制。

(1) A(2C0.1P)n 纸基电极组装的对称型扣式超级电容器的循环伏安曲线和恒电流充放电曲线分别如图 6.23 和图 6.24 所示。可以看到,除电极面积比电容绝对值外,A(2C0.1P)n 具有高度类似于 A(2C0.5P)n 的电化学行为,而前者面积比电容较低的原因可以归因于其较低的聚苯胺负载量。换言之,高的聚苯胺负载量是 A(2C0.5P)4 纸基电极具有高面积比电容的重要条件之一。

(2) 在 A(2C)4 碳纳米管/纸基电极上反复沉积 2 次或 4 次聚苯胺(沉积聚苯胺时采用的苯胺与过硫酸铵的混合盐酸溶液中苯胺的浓度为 0.5 mol/L),得到的纸基电极记作 A(2C)4/(0.5P)2 和 A(2C)4/(0.5P)4(图 6.25)。在 A(2C)4/(0.5P)2 和 A(2C)4/(0.5P)4 电极内部,大量的聚苯胺颗粒团聚在碳纳米管网络表面并形成致密的碳纳米管-聚苯胺复合层。结果,这两种电极呈现出较低的面积比电容和较差的倍率性能。相比之下,

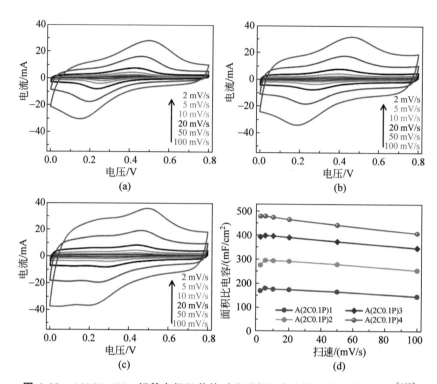

图 6.23   A(2C0.1P)n 纸基电极组装的对称型超级电容器的循环伏安测试[187]

(a) A(2C0.1P)2,(b) A(2C0.1P)3 和(c) A(2C0.1P)4 纸基电极组装的对称型超级电容器的循环伏安曲线;(d) 上述电极在不同扫速下的面积比电容汇总

Adapted from Ref. 187 with permission from The Royal Society of Chemistry.

如图 6.13(f) 和图 6.18 所示,聚苯胺在 A(2C0.5P)4 纸基电极具有相对均匀的分布,主要是由于聚苯胺被"强制"分散在 4 层碳纳米管网络上,每层碳纳米管网络上的聚苯胺分布较为均匀且碳纳米管-聚苯胺复合网络为多孔结构,这就尽可能地保证了聚苯胺活性物质能够被电解液充分浸润、从而有效参与电化学反应过程并为 A(2C0.5P)4 纸基电极贡献较高的赝电容。

(3) 碳纳米管-聚苯胺复合网络优异的电学性能也是 A(2C0.5P)4 纸基电极具有优异电化学性能所不可或缺的关键因素。如上文所述,通过 A(2CxP)1 碳纳米管-聚苯胺单层复合网络/纸基电极与不含碳纳米管的 A(0.1P)1 和 A(0.5P)1 聚苯胺/纸基电极之间的性能对比便可看出(图 6.15 和图 6.17)。

概括起来,A(2C0.5P)4 纸基电极较高的面积比电容和良好的倍率性

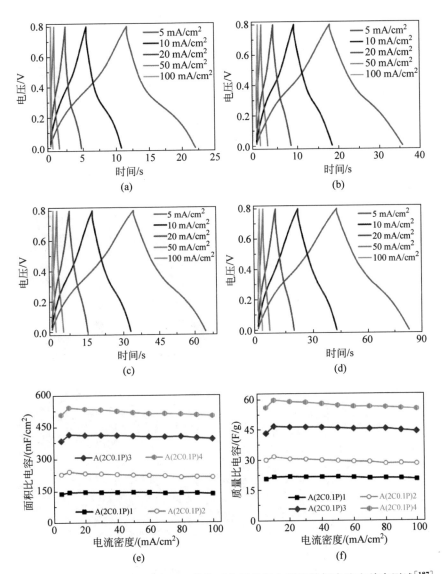

图 6.24　A(2C0.1P)n 纸基电极组装的对称型超级电容器的恒电流充放电测试[187]
(a)A(2C0.1P)1,(b)A(2C0.1P)2,(c)A(2C0.1P)3 和(d)A(2C0.1P)4 纸基电极组装的对称型
超级电容器的恒电流充放电曲线；上述电极在不同电流密度下的(e)面积比电容和(f)质量比
电容汇总

Adapted from Ref. 187 with permission from The Royal Society of Chemistry.

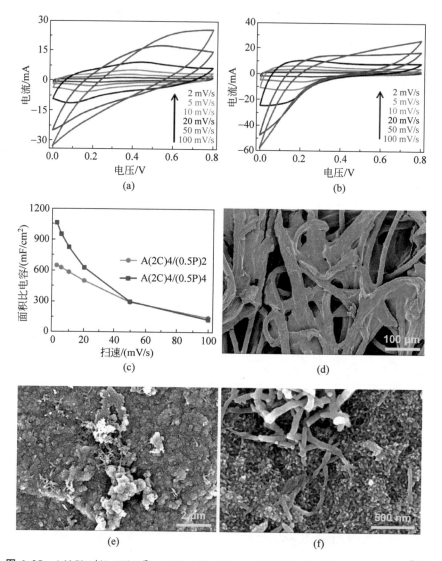

图 6.25　A(2C)4/(0.5P)2 和 A(2C)4/(0.5P)4 电极的循环伏安测试和微观形貌[187]
(a)A(2C)4/(0.5P)2 和 (b)A(2C)4/(0.5P)4 电极组装的对称型超级电容器的循环伏安曲线；
(c)上述两种电极在不同扫速下的面积比电容汇总；(d)～(f)A(2C)4/(0.5P)4 电极的扫描电
镜图片,其中(e)～(f)为碳纳米管-聚苯胺复合网络的高倍放大图

Adapted from Ref. 187 with permission from The Royal Society of Chemistry.

能是由其设计原则,即将碳纳米管-聚苯胺层层堆积在无尘纸基底中决定的,因为这样的设计赋予了 A(2C0.5P)4 电极以下优势:①聚苯胺负载量高且分布均匀;②碳纳米管-聚苯胺复合网络为多孔结构;③电极具有高的电导率。需要进一步指出,当 5 层碳纳米管-聚苯胺复合网络沉积在无尘纸基底上得到 A(2C0.5P)5 纸基电极时,如图 6.26 所示,虽然电极的面积比电容比 A(2C0.5P)4 略有提升(在 5 mA/cm^2 电流密度下,A(2C0.5P)5 电极面积比电容超过 A(2C0.5P)4 约 6%),但倍率性能衰减明显,与图 6.22(e)反映的规律是一致的。

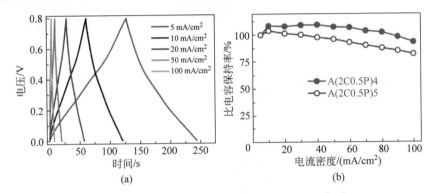

图 6.26　A(2C0.5P)5 纸基电极的电化学性能[187]

(a) A(2C0.5P)5 纸基电极组装的对称型超级电容器的恒电流充放电曲线;(b) A(2C0.5P)5 与 A(2C0.5P)4 纸基电极的倍率性能比较

Adapted from Ref.187 with permission from The Royal Society of Chemistry.

6.2.8　碳纳米管-聚苯胺多层复合网络/纸基电极的机械柔性

A(2C0.5P)4 纸基电极具有优异的机械柔性。从图 6.27 可以看到,A(2C0.5P)4 纸基电极能够弯曲、卷绕或折叠成不同的复杂形状,如风车或孔雀等。当直径为 1.2 cm 的圆片状 A(2C0.5P)4 纸基电极被反复弯曲1000 次时,电极的比电容仍能保持 91%。这说明 A(2C0.5P)4 纸基电极是一种高柔性的超级电容器电极,有望应用在可穿戴/便携式电子产品上。

6.2.9　本节小结

本章通过在无尘纸基底上反复、交替沉积碳纳米管和聚苯胺制备了碳纳米管-聚苯胺单层或多层复合网络/纸基电极,得到如下结论:

(1) 碳纳米管-聚苯胺单层复合网络纸基电极具有良好的倍率性能,但

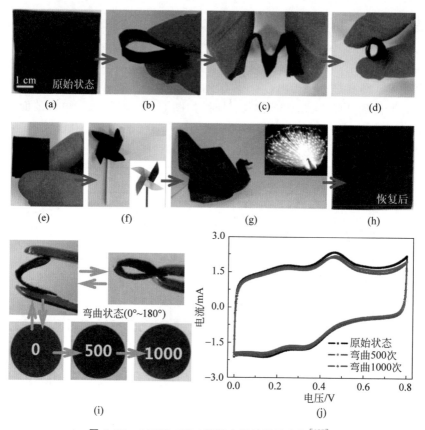

图 6.27　A(2C0.5P)4 纸基电极的柔性表征[187]

(a)尺寸约 4.5 cm×5 cm 的 A(2C0.5P)4 纸基电极先后被(b)弯曲、(c)弯折成字母"M"、
(d)卷绕、(e)两次对折以及折叠成(f)风车和(g)孔雀并(h)复原。直径为 1.2 cm 的圆片状
A(2C0.5P)4 纸基电极在反复弯曲 0~1000 次后的(i)数码图片和(j)组装成对称型超级电
容器后在 2 mV/s 扫速下测得的循环伏安曲线

Adapted from Ref. 187 with permission from The Royal Society of Chemistry.

在聚苯胺最佳负载量下的电极比电容仅为 263 mF/cm²。

（2）碳纳米管-聚苯胺复合网络在无尘纸基底中的多层堆积能有效提
高纸基电极的电学性能和内部聚苯胺的负载量、并保持聚苯胺在整个电极
中较为均匀的分布，且当堆积层数为 2~4 层时，纸基电极内部的碳纳米管-
聚苯胺复合网络仍能保持多孔结构；总之，高的电学性能有利于电子传导，
多孔结构和聚苯胺的均匀分散有利于电解液与聚苯胺之间的充分接触，保
证了离子传输和活性物质的高效利用，上述因素的共同作用使碳纳米管-聚
苯胺多层复合网络/纸基电极兼具较高的面积比电容和优异的倍率性能。

第7章 本书结论与研究展望

7.1 本 书 结 论

本工作以制备高性能的柔性超级电容器电极为目标,综合考虑了柔性电极内部电子传导、离子传输、活性物质负载量与分布等因素,设计了一系列实验以系统研究柔性电极内部活性物质在高负载量情况下的均匀分布和高效利用问题,取得了较为理想的结果,得到以下结论:

(1) 活性碳纤维具有高的比表面积、发达的孔结构和良好的电学性能,是一种典型的双电层电容材料;由活性碳纤维构成的活性碳纤维毡或活性碳纤维布织物除了具有高比表面积和发达的孔结构特征外,还具有良好的机械柔性,能够作为柔性织物电极的活性基底(由电化学活性物质构成的柔性结构基底),从而解决了柔性电极普遍存在的因基底仅作为结构支撑体、但不具备电荷存储功能而造成电极整体比电容低的问题。

(2) 在活性碳纤维毡和活性碳纤维布织物中通过沉积碳纳米管或石墨烯能够制备出柔性全碳复合织物电极,该电极基本保留了活性碳纤维基底高比表面积和发达孔结构的同时由内部碳纤维-碳纳米材料多尺度碳构成的 3D 导电网络显著提高了织物的电导率,活性碳纤维织物基底与碳纳米材料填充物这种功能上的协同作用使柔性全碳复合织物电极表现出较高的双电层电容性能。

(3) 以活性碳纤维为电化学活性基底,在其表面负载高赝电容的二氧化锰纳米片或聚苯胺可进一步提升织物电极比电容;特别地,基于活性碳纤维布、碳纳米管和聚苯胺设计的多层级结构柔性织物电极实现了高载量(18.4 mg/cm^2)活性物质在柔性电极中的立体式均匀分布,而 3D 多孔碳网络则保证了电子/离子的快速传输和活性物质的高效利用;这种具有多层级结构的活性碳纤维布/聚苯胺/碳纳米管/聚苯胺复合织物电极表现出了优异的电化学性能和良好的机械柔性。

(4) 活性碳纤维布基的高性能柔性复合织物电极可被拆解制得相应的

纤维束并直接用作高性能柔性纤维电极;这种"自上而下"制备纤维电极的策略也为微型电极/储能器件的开发提供了新的思路。

(5)研究了柔性纸基电极,一是提出了一种制备可透气柔性超级电容器的思路,即将负载了3D碳纳米管网络/二氧化锰的无尘纸作为高柔韧纸基电极组装成固态超级电容器,并在其表面引入通孔作为气体流通通道;二是提出了一种制备兼具高面积比电容和良好倍率性能的柔性纸基电极的方法,即在无尘纸基底上交替沉积碳纳米管网络与聚苯胺。这种方法有效提高了聚苯胺纳米活性物质的负载量并避免了团聚;同时电极内部的3D多孔碳纳米管网络则保证了电子和离子的快速传输,即实现了聚苯胺在高负载情况下的均匀分布和高效利用。

本书的创新点可概括如下:①提出了活性碳纤维作为柔性电极活性基底的思路,解决了柔性电极普遍存在的惰性基底造成电极整体比电容和储能密度低的难题;②设计了具有多层级结构的柔性电极,在一定程度上解决了柔性电极内部高载量纳米活性物质团聚和电子/离子长距离传输的问题,实现了柔性电极内部活性物质的高负载与高效利用;③提出了高性能柔性织物电极和纤维电极的同步制备策略,为微型电极/器件的制备提供了新的思路;④基于纸基电极设计了可透气的柔性超级电容器。

7.2　研究展望

包括柔性超级电容器在内的柔性储能器件是近些年的研究热点,考虑到下一代电子产品的可穿戴和便携式特性,柔性超级电容器的研究在未来相当长一段时间内应当会得到更多的重视。基于本书工作的认识,柔性超级电容器未来的发展将突出以下方向:

(1)在电极研究方面,制备新型的高性能电化学活性物质、进一步优化电极结构以提升电极电化学性能和可变形能力;在电解质研究方面,目前采用的凝胶电解质主要为PVA/KOH,PVA/H$_2$SO$_4$和PVA/H$_3$PO$_3$,开发具有更高离子电导率和更宽电压窗口的电解质对于提升柔性超级电容器的储能密度和功率密度等具有重要意义。

(2)在机械柔性研究方面,应结合实验和有限元分析等阐明各类型柔性超级电容器在不同变形状态下内部各组元的应力/应变情况,并基于此对柔性电极和其他部件进行精准设计,以更好地满足柔性/可穿戴储能器件和电子产品的实际需求。

（3）柔性超级电容器新型储能体系/储能理论的发展，如我们近些年提出了水系锌离子混合电容器体系[195-200]，该新型电化学储能体系不仅具有远高于传统碳基对称型超级电容器的能量密度，且具有快速充放电、超长循环寿命和安全、环保等优点，有望作为高性能的柔性超级电容器。

（4）柔性超级电容器与其他柔性器件的一体化设计是柔性超级电容器的一个重要的发展方向，如将柔性超级电容器与柔性太阳能电池结合可实现自供电一体化的多功能可穿戴电子设备。

参 考 文 献

[1] YU Z, TETARD L,ZHAI L,et al. Supercapacitor electrode materials: Nanostructures from 0 to 3 dimensions[J]. Energy & Environmental Science,2015,8(3): 702-730.

[2] PANDOLFO A G, HOLLENKAMP A F. Carbon properties and their role in supercapacitors[J]. Journal of Power Sources,2006,157(1): 11-27.

[3] CONWAY B E, PELL W G. Double-layer and pseudocapacitance types of electrochemical capacitors and their applications to the development of hybrid devices[J]. Journal of Solid State Electrochemistry,2003,7(9): 637-644.

[4] SIMON P, GOGOTSI Y. Materials for electrochemical capacitors [J]. Nature Materials,2008,7(11): 845-854.

[5] LEE S Y,CHOI K H,CHOI W S,et al. Progress in flexible energy storage and conversion systems,with a focus on cable-type lithium-ion batteries[J]. Energy & Environmental Science,2013,6(8): 2414-2423.

[6] LU X, YU M, WANG G, et al. Flexible solid-state supercapacitors: Design, fabrication and applications[J]. Energy & Environmental Science, 2014, 7(7): 2160-2181.

[7] ZHANG Y Z,WANG Y,CHENG T,et al. Flexible supercapacitors based on paper substrates: A new paradigm for low-cost energy storage[J]. Chemical Society Reviews,2015,44(15): 5181-5199.

[8] CAI X,PENG M, YU X,et al. Flexible planar/fiber-architectured supercapacitors for wearable energy storage[J]. Journal of Materials Chemistry C,2014,2(7): 1184-1200.

[9] YU D,QIAN Q, WEI L,et al. Emergence of fiber supercapacitors[J]. Chemical Society Reviews,2015,44(3): 647-662.

[10] BEIDAGHI M,GOGOTSI Y. Capacitive energy storage in micro-scale devices: Recent advances in design and fabrication of micro-supercapacitors[J]. Energy & Environmental Science,2014,7(3): 867-884.

[11] JOST K,STENGER D,PEREZ C R,et al. Knitted and screen printed carbon-fiber supercapacitors for applications in wearable electronics [J]. Energy & Environmental Science,2013,6(9): 2698-2705.

[12] LIU N, MA W, TAO J, et al. Cable-type supercapacitors of three-dimensional cotton thread based multi-grade nanostructures for wearable energy storage[J].

Advanced Materials,2013,25(35): 4925-4931.

[13] DONG L,XU C,LI Y,et al. Flexible electrodes and supercapacitors for wearable energy storage: A review by category[J]. Journal of Materials Chemistry A, 2016,4(13): 4659-4685.

[14] PENG H J,HUANG J Q,CHENG X B,et al. Review on high-loading and high-energy lithium-sulfur batteries[J]. Advanced Energy Materials,2017,1700260.

[15] DONG L,YANG W,YANG W,et al. Multivalent metal ion hybrid capacitors: A review with a focus on zinc-ion hybrid capacitors [J]. Journal of Materials Chemistry A,2019,7: 13810-13832.

[16] CONWAY B E, PELL W G. Double-layer and pseudocapacitance types of electrochemical capacitors and their applications to the development of hybrid devices[J]. Journal of Solid State Electrochemistry,2003,7(9): 637-644.

[17] BÉGUIN F, PRESSER V, BALDUCCI A, et al. Carbons and electrolytes for advanced supercapacitors[J]. Advanced Materials,2014,26(14): 2219-2251.

[18] ZHANG L L,ZHAO X S. Carbon-based materials as supercapacitor electrodes [J]. Chemical Society Reviews,2009,38(9): 2520-2531.

[19] TAN Y B, LEE J M. Graphene for supercapacitor applications[J]. Journal of Materials Chemistry A,2013,1(47): 14814-14843.

[20] HAO L,LI X,ZHI L. Carbonaceous electrode materials for supercapacitors[J]. Advanced Materials,2013,25(28): 3899-3904.

[21] SEVILLA M, MOKAYA R. Energy storage applications of activated carbons: Supercapacitors and hydrogen storage[J]. Energy & Environmental Science, 2014,7(4): 1250-1280.

[22] CAO Z,WEI B. A perspective: Carbon nanotube macro-films for energy storage [J]. Energy & Environmental Science,2013,6(11): 3183-3201.

[23] BOSE S,KUILA T,MISHRA A K,et al. Carbon-based nanostructured materials and their composites as supercapacitor electrodes [J]. Journal of Materials Chemistry,2012,22(3): 767-784.

[24] PARK S, VOSGUERICHIAN M, BAO Z. A review of fabrication and applications of carbon nanotube film-based flexible electronics[J]. Nanoscale, 2013,5(5): 1727-1752.

[25] CHEN T, DAI L. Flexible supercapacitors based on carbon nanomaterials[J]. Journal of Materials Chemistry A,2014,2(28): 10756-10775.

[26] LIU Z,XU J,CHEN D,et al. Flexible electronics based on inorganic nanowires [J]. Chemical Society Reviews,2015,44(1): 161-192.

[27] JIANG J,LI Y,LIU J,et al. Building one-dimensional oxide nanostructure arrays on conductive metal substrates for lithium-ion battery anodes[J]. Nanoscale, 2011,3(1): 45-58.

［28］ CHOI C，LEE J A，CHOI A Y，et al. Flexible supercapacitor made of carbon nanotube yarn with internal pores［J］. Advanced Materials，2014，26（13）：2059-2065.

［29］ WU C，LU X，PENG L，et al. Two-dimensional vanadyl phosphate ultrathin nanosheets for high energy density and flexible pseudocapacitors［J］. Nature Communications，2013，4：2431.

［30］ QU Q，ZHU Y，GAO X，et al. Core-shell structure of polypyrrole grown on V_2O_5 nanoribbon as high performance anode material for supercapacitors［J］. Advanced Energy Materials，2012，2（8）：950-955.

［31］ WU N L. Nanocrystalline oxide supercapacitors. Materials Chemistry and Physics，2002，75（1）：6-11.

［32］ NYHOLM L，NYSTRÖM G，MIHRANYAN A，et al. Toward flexible polymer and paper-based energy storage devices［J］. Advanced Materials，2011，23（33）：3751-3769.

［33］ DAVIES A，AUDETTE P，FARROW B，et al. Graphene-based flexible supercapacitors：Pulse-electropolymerization of polypyrrole on free-standing graphene films［J］. The Journal of Physical Chemistry C，2011，115（35）：17612-17620.

［34］ RYU K S，KIM K M，PARK N G，et al. Symmetric redox supercapacitor with conducting polyaniline electrodes［J］. Journal of Power Sources，2002，103（2）：305-309.

［35］ BISWAS S，DRZAL L T. Multilayered nanoarchitecture of graphene nanosheets and polypyrrole nanowires for high performance supercapacitor electrodes［J］. Chemistry of Materials，2010，22（20）：5667-5671.

［36］ GUPTA V，MIURA N. Polyaniline/single-wall carbon nanotube（PANI/SWCNT）composites for high performance supercapacitors［J］. Electrochimica Acta，2006，52（4）：1721-1726.

［37］ SHARMA R K，RASTOGI A C，DESU S B. Pulse polymerized polypyrrole electrodes for high energy density electrochemical supercapacitor［J］. Electrochemistry Communications，2008，10（2）：268-272.

［38］ CHANG H H，CHANG C K，TSAI Y C，et al. Electrochemically synthesized graphene/polypyrrole composites and their use in supercapacitor［J］. Carbon，2012，50（6）：2331-2336.

［39］ JOST K，PEREZ C R，MCDONOUGH J K，et al. Carbon coated textiles for flexible energy storage［J］. Energy & Environmental Science，2011，4（12）：5060-5067.

［40］ JOST K，DURKIN D P，HAVERHALS L M，et al. Natural fiber welded electrode yarns for knittable textile supercapacitors［J］. Advanced Energy Materials，2015，5（4）.

[41] LEE J A,SHIN M K,KIM S H,et al. Ultrafast charge and discharge biscrolled yarn supercapacitors for textiles and microdevices[J]. Nature Communications, 2013,4: 1970.

[42] WANG K, MENG Q, ZHANG Y, et al. High-performance two-ply yarn supercapacitors based on carbon nanotubes and polyaniline nanowire arrays[J]. Advanced Materials,2013,25(10): 1494-1498.

[43] WANG X,LIU B,LIU R,et al. Fiber-based flexible all-solid-state asymmetric supercapacitors for integrated photodetecting system [J]. Angewandte Chemie International Edition,2014,126(7): 1880-1884.

[44] MENG Y,ZHAO Y,HU C,et al. All-graphene core-sheath microfibers for all-solid-state,stretchable fibriform supercapacitors and wearable electronic textiles [J]. Advanced Materials,2013,25(16): 2326-2331.

[45] CHENG H,DONG Z,HU C,et al. Textile electrodes woven by carbon nanotube-graphene hybrid fibers for flexible electrochemical capacitors [J]. Nanoscale, 2013,5(8): 3428-3434.

[46] HUANG Y,HU H,HUANG Y,et al. From industrially weavable and knittable highly conductive yarns to large wearable energy storage textiles[J]. ACS Nano, 2015,9(5): 4766-4775.

[47] FU Y,CAI X,WU H,et al. Fiber supercapacitors utilizing pen ink for flexible/ wearable energy storage[J]. Advanced Materials,2012,24(42): 5713-5718.

[48] LE V T,KIM H,GHOSH A,et al. Coaxial fiber supercapacitor using all-carbon material electrodes[J]. ACS Nano,2013,7(7): 5940-5947.

[49] LIU W,LIU N,SHI Y,et al. A wire-shaped flexible asymmetric supercapacitor based on carbon fiber coated with a metal oxide and a polymer[J]. Journal of Materials Chemistry A,2015,3(25): 13461-13467.

[50] REN J,LI L,CHEN C,et al. Twisting carbon nanotube fibers for both wire-shaped micro-supercapacitor and micro-battery[J]. Advanced Materials, 2013, 25(8): 1155-1159.

[51] DONG L, XU C, LI Y, et al. Simultaneous production of high-performance flexible textile electrodes and fiber electrodes for wearable energy storage[J]. Advanced Materials,2016,28(8): 1675-1681.

[52] FOROUGHI J,SPINKS G M, ANTIOHOS D,et al. Highly conductive carbon nanotube-graphene hybrid yarn[J]. Advanced Functional Materials,2014,24(37): 5859-5865.

[53] CHEN X,LIN H,DENG J,et al. Electrochromic fiber-shaped supercapacitors[J]. Advanced Materials,2014,26(48): 8126-8132.

[54] BAE J,SONG M K,PARK Y J,et al. Fiber supercapacitors made of nanowire-fiber hybrid structures for wearable/flexible energy storage [J]. Angewandte

Chemie International Edition,2011,50(7): 1683-1687.

[55] TOUPIN M,BROUSSE T,BÉLANGER D. Charge storage mechanism of MnO$_2$ electrode used in aqueous electrochemical capacitor[J]. Chemistry of Materials, 2004,16(16): 3184-3190.

[56] SAWANGPHRUK M, SRIMUK P, CHIOCHAN P, et al. High-performance supercapacitor of manganese oxide/reduced graphene oxide nanocomposite coated on flexible carbon fiber paper[J]. Carbon,2013,60: 109-116.

[57] LI Y, SHENG K, YUAN W, et al. A high-performance flexible fibre-shaped electrochemical capacitor based on electrochemically reduced graphene oxide[J]. Chemical Communications,2013,49(3): 291-293.

[58] DONG L, HOU F, LI Y, et al. Preparation of continuous carbon nanotube networks in carbon fiber/epoxy composite [J]. Composites Part A: Applied Science and Manufacturing,2014,56: 248-255.

[59] BINIAK S,DZIELEŃDZIAK B,SIEDLEWSKI J. The electrochemical behaviour of carbon fibre electrodes in various electrolytes. Double-layer capacitance[J]. Carbon,1995,33(9): 1255-1263.

[60] ZHAI S,JIANG W,WEI L,et al. All-carbon solid-state yarn supercapacitors from activated carbon and carbon fibers for smart textiles[J]. Materials Horizons, 2015,2(6): 598-605.

[61] LI X,ZHAO T,CHEN Q,et al. Flexible all solid-state supercapacitors based on chemical vapor deposition derived graphene fibers [J]. Physical Chemistry Chemical Physics,2013,15(41): 17752-17757.

[62] SMITHYMAN J,LIANG R. Flexible supercapacitor yarns with coaxial carbon nanotube network electrodes[J]. Materials Science and Engineering: B, 2014, 184: 34-43.

[63] YAN X, TAI Z, CHEN J, et al. Fabrication of carbon nanofiber-polyaniline composite flexible paper for supercapacitor[J]. Nanoscale,2011,3(1): 212-216.

[64] MENG C,LIU C,FAN S. Flexible carbon nanotube/polyaniline paper-like films and their enhanced electrochemical properties[J]. Electrochemistry Communications,2009, 11(1): 186-189.

[65] NIU Z,ZHOU W,CHEN J,et al. Compact-designed supercapacitors using free-standing single-walled carbon nanotube films [J]. Energy & Environmental Science,2011,4(4): 1440-1446.

[66] DIKIN D A, STANKOVICH S, ZIMNEY E J, et al. Preparation and characterization of graphene oxide paper[J]. Nature,2007,448(7152): 457.

[67] HU W,PENG C,LUO W,et al. Graphene-based antibacterial paper[J]. ACS Nano,2010,4(7): 4317-4323.

[68] GEETHA S,RAO C R K,VIJAYAN M,et al. Biosensing and drug delivery by

polypyrrole[J]. Analytica Chimica Acta,2006,568(1): 119-125.

[69] NIU Z, CHEN J, HNG H H, et al. A leavening strategy to prepare reduced graphene oxide foams[J]. Advanced Materials,2012,24(30): 4144-4150.

[70] CHEN S, ZHU J, WU X, et al. Graphene oxide-MnO_2 nanocomposites for supercapacitors[J]. ACS Nano,2010,4(5): 2822-2830.

[71] QU Q, ZHANG P, WANG B, et al. Electrochemical performance of MnO_2 nanorods in neutral aqueous electrolytes as a cathode for asymmetric supercapacitors[J]. The Journal of Physical Chemistry C, 2009, 113(31): 14020-14027.

[72] FAN Z, YAN J, WEI T, et al. Asymmetric supercapacitors based on graphene/ MnO_2 and activated carbon nanofiber electrodes with high power and energy density[J]. Advanced Functional Materials,2011,21(12): 2366-2375.

[73] PENG X, PENG L, WU C, et al. Two dimensional nanomaterials for flexible supercapacitors[J]. Chemical Society Reviews,2014,43(10): 3303-3323.

[74] LIU G, JIN W, XU N. Graphene-based membranes [J]. Chemical Society Reviews,2015,44(15): 5016-5030.

[75] WU D, ZHANG F, LIANG H, et al. Nanocomposites and macroscopic materials: Assembly of chemically modified graphene sheets[J]. Chemical Society Reviews, 2012,41(18): 6160-6177.

[76] BARISCI J N, WALLACE G G, BAUGHMAN R H. Electrochemical studies of single-wall carbon nanotubes in aqueous solutions[J]. Journal of Electroanalytical Chemistry,2000,488(2): 92-98.

[77] SUMBOJA A, FOO C Y, WANG X, et al. Large areal mass, flexible and free-standing reduced graphene oxide/manganese dioxide paper for asymmetric supercapacitor device[J]. Advanced Materials,2013,25(20): 2809-2815.

[78] LEI Z, LU L, ZHAO X S. The electrocapacitive properties of graphene oxide reduced by urea[J]. Energy & Environmental Science,2012,5(4): 6391-6399.

[79] ZHANG L L, ZHAO X, STOLLER M D, et al. Highly conductive and porous activated reduced graphene oxide films for high-power supercapacitors[J]. Nano Letters,2012,12(4): 1806-1812.

[80] YANG X, ZHU J, QIU L, et al. Bioinspired effective prevention of restacking in multilayered graphene films: Towards the next generation of high-performance supercapacitors[J]. Advanced Materials,2011,23(25): 2833-2838.

[81] WANG G, SUN X, LU F, et al. Flexible pillared graphene-paper electrodes for high-performance electrochemical supercapacitors [J]. Small, 2012, 8(3): 452-459.

[82] WANG Y, CHEN J, CAO J, et al. Graphene/carbon black hybrid film for flexible and high rate performance supercapacitor[J]. Journal of Power Sources,2014,

271: 269-277.

[83]   XU G, ZHENG C, ZHANG Q, et al. Binder-free activated carbon/carbon nanotube paper electrodes for use in supercapacitors[J]. Nano Research, 2011, 4 (9): 870-881.

[84]   YU D, DAI L. Self-assembled graphene/carbon nanotube hybrid films for supercapacitors[J]. The Journal of Physical Chemistry Letters, 2009, 1 (2): 467-470.

[85]   GAO H, XIAO F, CHING C B, et al. Flexible all-solid-state asymmetric supercapacitors based on free-standing carbon nanotube/graphene and Mn_3O_4 nanoparticle/graphene paper electrodes[J]. ACS Applied Materials & Interfaces, 2012, 4(12): 7020-7026.

[86]   CHENG Y, LU S, ZHANG H, et al. Synergistic effects from graphene and carbon nanotubes enable flexible and robust electrodes for high-performance supercapacitors[J]. Nano Letters, 2012, 12(8): 4206-4211.

[87]   WANG D W, LI F, ZHAO J, et al. Fabrication of graphene/polyaniline composite paper via in situ anodic electropolymerization for high-performance flexible electrode[J]. ACS Nano, 2009, 3(7): 1745-1752.

[88]   CHOI B G, CHANG S J, KANG H W, et al. High performance of a solid-state flexible asymmetric supercapacitor based on graphene films[J]. Nanoscale, 2012, 4(16): 4983-4988.

[89]   NIU Z, LUAN P, SHAO Q, et al. A skeleton/skin strategy for preparing ultrathin free-standing single-walled carbon nanotube/polyaniline films for high performance supercapacitor electrodes [J]. Energy & Environmental Science, 2012, 5(9): 8726-8733.

[90]   CHOU S L, WANG J Z, CHEW S Y, et al. Electrodeposition of MnO_2 nanowires on carbon nanotube paper as free-standing, flexible electrode for supercapacitors [J]. Electrochemistry Communications, 2008, 10(11): 1724-1727.

[91]   MENG Y, WANG K, ZHANG Y, et al. Hierarchical porous graphene/polyaniline composite film with superior rate performance for flexible supercapacitors[J]. Advanced Materials, 2013, 25(48): 6985-6990.

[92]   YOON S B, YOON E H, KIM K B. Electrochemical properties of leucoemeraldine, emeraldine, and pernigraniline forms of polyaniline/multi-wall carbon nanotube nanocomposites for supercapacitor applications[J]. Journal of Power Sources, 2011, 196(24): 10791-10797.

[93]   WU Q, XU Y, YAO Z, et al. Supercapacitors based on flexible graphene/ polyaniline nanofiber composite films[J]. ACS Nano, 2010, 4(4): 1963-1970.

[94]   HU Y, GUAN C, FENG G, et al. Flexible asymmetric supercapacitor based on structure-optimized Mn_3O_4/reduced graphene oxide nanohybrid paper with high

energy and power density[J]. Advanced Functional Materials,2015,25(47):
7291-7299.

[95] SHAH R,ZHANG X,TALAPATRA S. Electrochemical double layer capacitor
electrodes using aligned carbon nanotubes grown directly on metals [J].
Nanotechnology,2009,20(39): 5202.

[96] LIU J,JIANG J,CHENG C,et al. Co_3O_4 nanowire@ MnO_2 ultrathin nanosheet
core/shell arrays: a new class of high-performance pseudocapacitive materials
[J]. Advanced Materials,2011,23(18): 2076-2081.

[97] SHI S, XU C, YANG C, et al. Flexible asymmetric supercapacitors based on
ultrathin two-dimensional nanosheets with outstanding electrochemical
performance and aesthetic property[J]. Scientific Reports,2013,3: 2598.

[98] NIU Z,DONG H,ZHU B,et al. Highly stretchable,integrated supercapacitors
based on single-walled carbon nanotube films with continuous reticulate
architecture[J]. Advanced Materials,2013,25(7): 1058-1064.

[99] CHEN X, LIN H, CHEN P, et al. Smart, stretchable supercapacitors [J].
Advanced Materials,2014,26(26): 4444-4449.

[100] CHEN P, CHEN H, QIU J, et al. Inkjet printing of single-walled carbon
nanotube/RuO_2 nanowire supercapacitors on cloth fabrics and flexible substrates
[J]. Nano Research,2010,3(8): 594-603.

[101] HU L, WU H, CUI Y. Printed energy storage devices by integration of
electrodes and separators into single sheets of paper [J]. Applied Physics
Letters,2010,96(18): 183502.

[102] LIU L,NIU Z,ZHANG L,et al. Nanostructured graphene composite papers for
highly flexible and foldable supercapacitors[J]. Advanced Materials, 2014, 26
(28): 4855-4862.

[103] YAO B,YUAN L,XIAO X,et al. Based solid-state supercapacitors with pencil-
drawing graphite/polyaniline networks hybrid electrodes [J]. Nano Energy,
2013,2(6): 1071-1078.

[104] STOLLER M D,RUOFF R S. Best practice methods for determining an electrode
material's performance for ultracapacitors[J]. Energy & Environmental Science,
2010,3(9): 1294-1301.

[105] CHMIOLA J,LARGEOT C,TABERNA P L,et al. Monolithic carbide-derived
carbon films for micro-supercapacitors[J]. Science,2010,328(5977): 480-483.

[106] PASQUIER A D,PLITZ I,MENOCAL S,et al. A comparative study of Li-ion
battery, supercapacitor and nonaqueous asymmetric hybrid devices for
automotive applications[J]. Journal of Power Sources,2003,115(1): 171-178.

[107] PARK B O,LOKHANDE C D,PARK H S,et al. Performance of supercapacitor
with electrodeposited ruthenium oxide film electrodes-effect of film thickness

　　　　　[J]. Journal of Power Sources,2004,134(1): 148-152.

[108]   HU L, PASTA M, MANTIA F L, et al. Stretchable, porous, and conductive
         energy textiles[J]. Nano Letters,2010,10(2): 708-714.

[109]   LIU W, YAN X, LANG J, et al. Flexible and conductive nanocomposite electrode
         based on graphene sheets and cotton cloth for supercapacitor[J]. Journal of
         Materials Chemistry,2012,22(33): 17245-17253.

[110]   BAO L, LI X. Towards textile energy storage from cotton T-shirts[J]. Advanced
         Materials,2012,24(24): 3246-3252.

[111]   HSU Y K, CHEN Y C, LIN Y G, et al. High-cell-voltage supercapacitor of
         carbon nanotube/carbon cloth operating in neutral aqueous solution[J]. Journal
         of Materials Chemistry,2012,22(8): 3383-3387.

[112]   TAO J, LIU N, LI L, et al. Hierarchical nanostructures of polypyrrole@MnO_2
         composite electrodes for high performance solid-state asymmetric supercapacitors[J].
         Nanoscale,2014,6(5): 2922-2928.

[113]   CHEN W, RAKHI R B, HU L, et al. High-performance nanostructured
         supercapacitors on a sponge[J]. Nano Letters,2011,11(12): 5165-5172.

[114]   AKEN K L V, PÉREZ C R, OH Y, et al. High rate capacitive performance of
         single-walled carbon nanotube aerogels[J]. Nano Energy,2015,15: 662-669.

[115]   XU Y, LIN Z, HUANG X, et al. Functionalized graphene hydrogel-based high-
         performance supercapacitors[J]. Advanced Materials,2013,25(40): 5779-5784.

[116]   ZHAO Y, LIU J, HU Y, et al. Highly compression-tolerant supercapacitor based
         on polypyrrole-mediated graphene foam electrodes [J]. Advanced Materials,
         2013,25(4): 591-595.

[117]   XU X, ZHOU J, NAGARAJU D H, et al. Flexible, highly graphitized carbon
         aerogels based on bacterial cellulose/lignin: Catalyst-free synthesis and its
         application in energy storage devices[J]. Advanced Functional Materials,2015,
         25(21): 3193-3202.

[118]   BIENER J, STADERMANN M, SUSS M, et al. Advanced carbon aerogels for
         energy applications[J]. Energy & Environmental Science,2011,4(3): 656-667.

[119]   DONG X, WANG X, WANG L, et al. 3D graphene foam as a monolithic and
         macroporous carbon electrode for electrochemical sensing [J]. ACS Applied
         Materials & Interfaces,2012,4(6): 3129-3133.

[120]   CHOI B G, YANG M H, HONG W H, et al. 3D macroporous graphene
         frameworks for supercapacitors with high energy and power densities[J]. ACS
         Nano,2012,6(5): 4020-4028.

[121]   YANG P, LI Y, LIN Z, et al. Worm-like amorphous MnO_2 nanowires grown on
         textiles for high-performance flexible supercapacitors[J]. Journal of Materials
         Chemistry A,2014,2(3): 595-599.

[122] CHEN W, RAKHI R B, ALSHAREEF H N. High energy density supercapacitors using macroporous kitchen sponges [J]. Journal of Materials Chemistry, 2012, 22 (29): 14394-14402.

[123] GE J, YAO H B, HU W, et al. Facile dip coating processed graphene/MnO_2 nanostructured sponges as high performance supercapacitor electrodes[J]. Nano Energy, 2013, 2(4): 505-513.

[124] ZHU G, HE Z, CHEN J, et al. Highly conductive three-dimensional MnO_2-carbon nanotube-graphene-Ni hybrid foam as a binder-free supercapacitor electrode[J]. Nanoscale, 2014, 6(2): 1079-1085.

[125] ZHOU W, CAO X, ZENG Z, et al. One-step synthesis of Ni_3S_2 nanorod @ Ni $(OH)_2$ nanosheet core-shell nanostructures on a three-dimensional graphene network for high-performance supercapacitors [J]. Energy & Environmental Science, 2013, 6(7): 2216-2221.

[126] HE Y, CHEN W, LI X, et al. Freestanding three-dimensional graphene/MnO_2 composite networks as ultralight and flexible supercapacitor electrodes[J]. ACS Nano, 2012, 7(1): 174-182.

[127] CHEN Z, REN W, GAO L, et al. Three-dimensional flexible and conductive interconnected graphene networks grown by chemical vapour deposition [J]. Nature Materials, 2011, 10(6): 424-428.

[128] CAO X, SHI Y, SHI W, et al. Preparation of novel 3D graphene networks for supercapacitor applications[J]. Small, 2011, 7(22): 3163-3168.

[129] DONG X, WANG X, WANG J, et al. Synthesis of a MnO_2-graphene foam hybrid with controlled MnO_2 particle shape and its use as a supercapacitor electrode[J]. Carbon, 2012, 50(13): 4865-4870.

[130] DONG X, CAO Y, WANG J, et al. Hybrid structure of zinc oxide nanorods and three dimensional graphene foam for supercapacitor and electrochemical sensor applications[J]. RSC Advances, 2012, 2(10): 4364-4369.

[131] NARDECCHIA S, CARRIAZO D, FERRER M L, et al. Three dimensional macroporous architectures and aerogels built of carbon nanotubes and/or graphene: Synthesis and applications [J]. Chemical Society Reviews, 2013, 42(2): 794-830.

[132] DONG L, YANG Q, XU C, et al. Facile preparation of carbon nanotube aerogels with controlled hierarchical microstructures and versatile performance [J]. Carbon, 2015, 90: 164-171.

[133] SUN H, XU Z, GAO C. Multifunctional, ultra-flyweight, synergistically assembled carbon aerogels[J]. Advanced Materials, 2013, 25(18): 2554-2560.

[134] ZHAO Y, HU C, HU Y, et al. A versatile, ultralight, nitrogen-doped graphene framework[J]. Angewandte Chemie (International Edition), 2012, 124 (45):

11533-11537.

[135] GUO D C,LI W C,DONG W,et al. Rapid synthesis of foam-like mesoporous carbon monolith using an ultrasound-assisted air bubbling strategy[J]. Carbon, 2013,62: 322-329.

[136] LI P,YANG Y,SHI E,et al. Core-double-shell,carbon nanotube@polypyrrole@ MnO$_2$ sponge as freestanding,compressible supercapacitor electrode[J]. ACS Applied Materials & Interfaces,2014,6(7): 5228-5234.

[137] DONG L, XU C, YANG Q, et al. High-performance compressible supercapacitors based on functionally synergic multiscale carbon composite textiles[J]. Journal of Materials Chemistry A,2015,3(8): 4729-4737.

[138] DONG L,LI Y, WANG L, et al. Effect of frozen conditions on dispersion morphologies of carbon nanotubes and electrical conductivity of carbon fiber/ epoxy composites[J]. Materials Letters,2014,130: 180-183.

[139] DONG L,HOU F,ZHONG X,et al. Comparison of drying methods for the preparation of carbon fiber felt/carbon nanotubes modified epoxy composites [J]. Composites Part A: Applied Science and Manufacturing,2013,55: 74-82.

[140] BURKE A. Ultracapacitors: Why,how,and where is the technology[J]. Journal of Power Sources,2000,91(1): 37-50.

[141] ZHAO X,CHU B T T, BALLESTEROS B, et al. Spray deposition of steam treated and functionalized single-walled and multi-walled carbon nanotube films for supercapacitors[J]. Nanotechnology,2009,20(6): 065605.

[142] TABERNA P L,SIMON P,FAUVARQUE J F. Electrochemical characteristics and impedance spectroscopy studies of carbon-carbon supercapacitors [J]. Journal of The Electrochemical Society,2003,150(3): A292-A300.

[143] WANG J G,YANG Y, HUANG Z H,et al. A high-performance asymmetric supercapacitor based on carbon and carbon-MnO$_2$ nanofiber electrodes [J]. Carbon,2013,61: 190-199.

[144] KIM J H,NAM K W,MA S B,et al. Fabrication and electrochemical properties of carbon nanotube film electrodes[J]. Carbon,2006,44(10): 1963-1968.

[145] ZHAO X,JOHNSTON C,GRANT P S. A novel hybrid supercapacitor with a carbon nanotube cathode and an iron oxide/carbon nanotube composite anode [J]. Journal of Materials Chemistry,2009,19(46): 8755-8760.

[146] FRACKOWIAK E, METENIER K, BERTAGNA V, et al. Supercapacitor electrodes from multiwalled carbon nanotubes[J]. Applied Physics Letters, 2000,77(15): 2421-2423.

[147] PAN H,POH C K,FENG Y P,et al. Supercapacitor electrodes from tubes-in-tube carbon nanostructures[J]. Chemistry of Materials,2007,19(25): 6120-6125.

[148] STOLLER M D, PARK S, ZHU Y, et al. Graphene-based ultracapacitors[J].

Nano Letters,2008,8(10): 3498-3502.

[149] YU A,ROES I,DAVIES A,et al. Ultrathin,transparent,and flexible graphene films for supercapacitor application[J]. Applied Physics Letters,2010,96(25): 3105.

[150] KOU L,HUANG T,ZHENG B,et al. Coaxial wet-spun yarn supercapacitors for high-energy density and safe wearable electronics[J]. Nature Communications, 2014,5: 3754.

[151] ZHANG L L,ZHAO X,STOLLER M D,et al. Highly conductive and porous activated reduced graphene oxide films for high-power supercapacitors[J]. Nano Letters,2012,12(4): 1806-1812.

[152] REN J,BAI W,GUAN G,et al. Flexible and weaveable capacitor wire based on a carbon nanocomposite fiber[J]. Advanced Materials,2013,25(41): 5965-5970.

[153] XIA H,LAI M O,LU L. Nanoflaky MnO_2/carbon nanotube nanocomposites as anode materials for lithium-ion batteries[J]. Journal of Materials Chemistry, 2010,20(33): 6896-6902.

[154] DI CASTRO V,POLZONETTI G. XPS study of MnO oxidation[J]. Journal of Electron Spectroscopy and Related Phenomena,1989,48(1): 117-123.

[155] FOORD J S, JACKMAN R B, ALLEN G C. An X-ray photoelectron spectroscopic investigation of the oxidation of manganese [J]. Philosophical Magazine A,1984,49(5): 657-663.

[156] OKU M, HIROKAWA K, IKEDA S. X-ray photoelectron spectroscopy of manganese-oxygen systems[J]. Journal of Electron Spectroscopy and Related Phenomena,1975,7(5): 465-473.

[157] YAN J,WANG Q,WEI T,et al. Recent advances in design and fabrication of electrochemical supercapacitors with high energy densities[J]. Advanced Energy Materials,2014,4(4): 1300816.

[158] KIM B C, HONG J Y, WALLACE G G, et al. Recent progress in flexible electrochemical capacitors: Electrode materials, device configuration, and functions[J]. Advanced Energy Materials,2015,5(22): 1500959.

[159] LIN H,LI L,REN J,et al. Conducting polymer composite film incorporated with aligned carbon nanotubes for transparent, flexible and efficient supercapacitor [J]. Scientific Reports,2013,3: 1353.

[160] SALINAS-TORRES D, SIEBEN J M, LOZANO-CASTELLO D, et al. Characterization of activated carbon fiber/polyaniline materials by position-resolved microbeam small-angle X-ray scattering[J]. Carbon,2012,50(3): 1051-1056.

[161] GUPTA V,MIURA N. Influence of the microstructure on the supercapacitive behavior of polyaniline/single-wall carbon nanotube composites[J]. Journal of Power Sources,2006,157(1): 616-620.

[162] DONG L,XU C,LI Y,et al. Breathable and wearable energy storage based on

highly flexible paper electrodes [J]. Advanced Materials, 2016, 28 (42):
9313-9319.

[163] MA J,TANG S,SYED J A,et al. Asymmetric hybrid capacitors based on novel
bearded carbon fiber cloth-pinhole polyaniline electrodes with excellent energy
density[J]. RSC Advances,2016,6(86): 82995-83002.

[164] XIAO X, DING T, YUAN L, et al. WO_{3-x}/MoO_{3-x} core/shell nanowires on
carbon fabric as an anode for all-solid-state asymmetric supercapacitors[J].
Advanced Energy Materials,2012,2(11): 1328-1332.

[165] XIONG C, LI T, DANG A, et al. Two-step approach of fabrication of three-
dimensional MnO_2-graphene-carbon nanotube hybrid as a binder-free
supercapacitor electrode[J]. Journal of Power Sources,2016,306: 602-610.

[166] WENG Z, SU Y, WANG D W, et al. Graphene-cellulose paper flexible
supercapacitors[J]. Advanced Energy Materials,2011,1(5): 917-922.

[167] HWANG M,OH J,KANG J,et al. Enhanced active sites possessing three-
dimensional ternary nanocomposites of reduced graphene oxide/polyaniline/
Vulcan carbon for high performance supercapacitors[J]. Electrochimica Acta,
2016,221: 23-30.

[168] LI H, TAO Y, ZHENG X, et al. Ultra-thick graphene bulk supercapacitor
electrodes for compact energy storage[J]. Energy & Environmental Science,
2016,9(10): 3135-3142.

[169] SENTHILKUMAR S T, KIM J, WANG Y, et al. Flexible and wearable fiber
shaped high voltage supercapacitors based on copper hexacyanoferrate and
porous carbon coated carbon fiber electrodes[J]. Journal of Materials Chemistry
A,2016,4(13): 4934-4940.

[170] JIN H, ZHOU L, MAK C L, et al. High-performance fiber-shaped
supercapacitors using carbon fiber thread (CFT)@polyanilne and functionalized
CFT electrodes for wearable/stretchable electronics[J]. Nano Energy,2015,11:
662-670.

[171] DONG L,LI Y,WANG L,et al. Spatial dispersion state of carbon nanotubes in a
freeze-drying method prepared carbon fiber based preform and its effect on
electrical conductivity of carbon fiber/epoxy composite[J]. Materials Letters,
2014,130: 292-295.

[172] YAO B, ZHANG J,KOU T,et al. Paper-based electrodes for flexible energy
storage devices[J]. Advanced Science,2017,4: 1700107.

[173] YUAN L, YAO B,HU B,et al. Polypyrrole-coated paper for flexible solid-state
energy storage[J]. Energy & Environmental Science,2013,6(2): 470-476.

[174] MA S B, AHN K Y, LEE E S, et al. Synthesis and characterization of
manganese dioxide spontaneously coated on carbon nanotubes[J]. Carbon,2007,

45(2): 375-382.

[175] JIN X, ZHOU W, ZHANG S, et al. Nanoscale microelectrochemical cells on carbon nanotubes[J]. Small,2007,3(9): 1513-1517.

[176] XU M W, ZHAO D D, BAO S J, et al. Mesoporous amorphous MnO_2 as electrode material for supercapacitor [J]. Journal of Solid State Electrochemistry,2007,11(8): 1101-1107.

[177] JIANG J, KUCERNAK A. Electrochemical supercapacitor material based on manganese oxide: Preparation and characterization[J]. Electrochimica Acta, 2002,47(15): 2381-2386.

[178] MESSAOUDI B,JOIRET S,KEDDAM M,et al. Anodic behaviour of manganese in alkaline medium[J]. Electrochimica Acta,2001,46(16): 2487-2498.

[179] XU Y,LIN Z, HUANG X, et al. Flexible solid-state supercapacitors based on three-dimensional graphene hydrogel films [J]. ACS Nano, 2013, 7 (5): 4042-4049.

[180] GOSTICK J T,FOWLER M W,PRITZKER M D,et al. In-plane and through-plane gas permeability of carbon fiber electrode backing layers[J]. Journal of Power Sources,2006,162(1): 228-238.

[181] LIU Z,WU Z S,YANG S,et al. Ultraflexible in-plane micro-supercapacitors by direct printing of solution-processable electrochemically exfoliated graphene[J]. Advanced Materials,2016,28(11): 2217-2222.

[182] PENG Z,LIN J, YE R, et al. Laser induced graphene for stackable, flexible supercapacitors[J]. ACS Applied Materials & Interfaces,2015,7: 3414-3419.

[183] EL-KADY M F, STRONG V, DUBIN S, et al. Laser scribing of high-performance and flexible graphene-based electrochemical capacitors[J]. Science, 2012,335(6074): 1326-1330.

[184] NIU Z, ZHANG L, LIU L, et al. All-solid-state flexible ultrathin micro-supercapacitors based on graphene[J]. Advanced Materials, 2013, 25 (29): 4035-4042.

[185] LI R Z,PENG R, KIHM K D,et al. High-rate in-plane micro-supercapacitors scribed onto photo paper using in situ femtolaser-reduced graphene oxide/Au nanoparticle microelectrodes[J]. Energy & Environmental Science,2016,9(4): 1458-1467.

[186] DONG L, LIANG G, XU C, et al. Multi hierarchical construction-induced superior capacitive performances of flexible electrodes for wearable energy storage[J]. Nano Energy,2017,34: 242-248.

[187] DONG L, LIANG G, XU C, et al. Stacking up layers of polyaniline/carbon nanotube network inside papers as highly flexible electrodes with large areal capacitance and superior rate capability[J]. Journal of Materials Chemistry A,

2017,5,19934-19942.

[188] ZENGIN H,ZHOU W,JIN J,et al. Carbon nanotube doped polyaniline[J]. Advanced Materials,2002,14(20): 1480-1483.

[189] LI L,QIN Z Y,LIANG X,et al. Facile fabrication of uniform core-shell structured carbon nanotube-polyaniline nanocomposites [J]. The Journal of Physical Chemistry C,2009,113(14): 5502-5507.

[190] YAO Q,CHEN L,ZHANG W,et al. Enhanced thermoelectric performance of single-walled carbon nanotubes/polyaniline hybrid nanocomposites [J]. ACS Nano,2010,4(4): 2445-2451.

[191] GE J, CHENG G, CHEN L. Transparent and flexible electrodes and supercapacitors using polyaniline/single-walled carbon nanotube composite thin films[J]. Nanoscale,2011,3(8): 3084-3088.

[192] YUN J, KIM D, LEE G, et al. All-solid-state flexible micro-supercapacitor arrays with patterned graphene/MWNT electrodes [J]. Carbon, 2014, 79: 156-164.

[193] MENG F, DING Y. Sub-micrometer-thick all-solid-state supercapacitors with high power and energy densities [J]. Advanced Materials, 2011, 23 (35): 4098-4102.

[194] XIAO X,PENG X,JIN H,et al. Freestanding mesoporous VN/CNT hybrid electrodes for flexible all-solid-state supercapacitors[J]. Advanced Materials, 2013,25(36): 5091-5097.

[195] DONG L,MA X,LI Y,et al. Extremely safe,high-rate and ultralong-life zinc-ion hybrid supercapacitors[J]. Energy Storage Materials,2018,13: 96-102.

[196] MA X, CHENG J, DONG L, et al. Multivalent ion storage towards high-performance aqueous zinc-ion hybrid supercapacitors [J]. Energy Storage Materials,2019,20: 335-342.

[197] DONG K,YANG W,YANG W,et al. High-power and ultralong-life aqueous zinc-ion hybrid capacitors based on pseudocapacitive charge storage[J]. Nano-Micro Letters,2019,11: 94.

[198] DONG L,YANG W,YANG W,et al. Multivalent metal ion hybrid capacitors: A review with a focus on zinc-ion hybrid capacitors[J]. Journal of Materials Chemistry A,2019,7: 13810-13832.

[199] DONG L,YANG W,YANG W,et al. Flexible and conductive scaffold-stabilized zinc metal anodes for ultralong-life zinc-ion batteries and zinc-ion hybrid capacitors[J]. Chemical Engineering Journal,2020,384: 123355.

[200] LI Y, YANG W, YANG W, et al. Towards high-energy and anti-self-discharge Zn-ion hybrid supercapacitors with new understanding of the electrochemistry [J]. Nano-Micro Letters,2021,13: 95.

在学期间发表的学术论文与研究成果

发表的部分学术论文

[1] **DONG L**，XU C，LI Y，WU C，et al. Simultaneous production of high-performance flexible textile electrodes and fiber electrodes for wearable energy storage[J]. Advanced Materials，2016，28，1675-1681.

[2] **DONG L**，XU C，LI Y，PAN Z，et al. Breathable and wearable energy storage based on highly flexible paper electrodes[J]. Advanced Materials，2016，28，9313-9319.

[3] **DONG L**，LIANG G，XU C，et al. Multi hierarchical construction-induced superior capacitive performances of flexible electrodes for wearable energy storage[J]. Nano Energy，2017，34，242-248.

[4] **DONG L**，XU C，LI Y，HUANG Z H，et al. Flexible electrodes and supercapacitors for wearable energy storage：a review by category[J]. Journal of Materials Chemistry A，2016，4，4659-4685.

[5] **DONG L**，XU C，YANG Q，et al. High-performance compressible supercapacitors based on functionally synergic multiscale carbon composite textiles[J]. Journal of Materials Chemistry A，2015，3，4729-4737.

[6] **DONG L**，LIANG G，XU C，et al. Stacking up layers of polyaniline/carbon nanotube network inside papers as highly flexible electrodes with large areal capacitance and superior rate capability[J]. Journal of Materials Chemistry A，2017，5，19934-19942.

[7] **DONG L**，YANG Q，XU C，LI Y，et al. Facile preparation of carbon nanotube aerogels with controlled hierarchical microstructures and versatile performance[J]. Carbon，2015，90，164-171.

[8] **DONG L**，MA X，LI Y，et al. Extremely safe，high-rate and ultralong-life zinc-ion hybrid supercapacitors[J]. Energy Storage Materials，2018，13，96-102.

研究成果

[1] 徐成俊，**董留兵**，刘文宝，等. 一种可充电的镍离子电池：CN106328903A[P]. 2017-01-11.（中国专利公开号）

致　　谢

衷心地感谢我的导师康飞宇教授和徐成俊副研究员。康老师和徐老师在我攻读博士学位的三年多时间里，不仅以严谨的科研态度和高屋建瓴的科研风范为我授业解惑，更为我指点了人生迷津，教我以开阔长远的眼光看问题。二位导师的教诲必将使我终生受用。

感谢实验室的杨全红老师，杨老师"做有趣的科研"观点让我对科研多了一份热爱；感谢实验室的李宝华老师、贺艳兵老师，二位老师给予我的诸多鼓励使我在遇到困难时能够更加坦然；感谢能源与环境学部和材料学院各位老师的帮助，使我在清华求学的几年时间里少了很多烦恼；感谢江南石墨烯研究院的郭主任和周师兄，在我暑期社会实践期间给予我最大程度的指导和关怀。

感谢课题组的师兄师姐和师弟师妹们，让我的研究生活与快乐相伴；与实验室多位同仁的科研合作愉快而富有成效；感谢这三年多建立起深厚友谊的郑泽和余唯，人生路漫漫，愿友情长存。

感谢我的父母和未婚妻，你们是我最坚强而温暖的后盾，让我能够时刻被爱包围、时刻充满力量，在人生的道路上披荆斩棘。

最后要感谢自己，在最该奋斗的大好年华里没有选择安逸，在面对困难的绝大部分时候选择了拼搏，在人生的道路上选择了做个善良的人。"天行健，君子以自强不息；地势坤，君子以厚德载物"，以此自勉。

把最美好的祝福送给你们！

董留兵

2021 年 6 月